CHINA UNIVERSITY OF GEOSCIENCES

地大人

DI DA REN

2016年(总第11辑)

赵鹏大

U0361434

中国地质大学(武汉)校友与社会合作处 编

中国地质大学出版社
ZHONGGUO DIZHI DAXUE CHUBANSHE

图书在版编目(CIP)数据

地大人 2016年(总第11辑)/中国地质大学(武汉)校友与社会合作处编. —武汉:中国地质大学出版社,2017.4
ISBN 978-7-5625-4033-5

Ⅰ.①地…
Ⅱ.①中…
Ⅲ.①中国地质大学-校友-丛刊
Ⅳ.①P5-40

中国版本图书馆 CIP 数据核字(2017)第 083147 号

地大人　2016年(总第11辑)	中国地质大学(武汉)校友与社会合作处　编
责任编辑:彭　琳	选题策划:赵颖弘　　　　　责任校对:徐蕾蕾

出版发行:中国地质大学出版社(武汉市洪山区鲁磨路 388 号)　　　　　　邮政编码:430074

电　　话:(027)67883511　　　　传　真:67883580　　　E-mail:cbb @ cug.edu.cn

经　　销:全国新华书店　　　　　　　　　　　　　　　　http://www.cugp.cug.edu.cn

开本:787 毫米×1 092 毫米 1/16　　　　　　　　　字数:420 千字　印张:16.125

版次:2017 年 4 月第 1 版　　　　　　　　　　　　印次:2017 年 4 月第 1 次印刷

印刷:武汉中远印务有限公司　　　　　　　　　　　印数:1—3 500 册

ISBN 978-7-5625-4033-5　　　　　　　　　　　　　　　　　　　定价:38.00 元

如有印装质量问题请与印刷厂联系调换

中国地质大学徽标说明

- 外圆圈内上方是汉字校名，下方为英文校名。
- 中间圆形为放大镜，内置地质锤和指南针，显示学校优势与特色，以及悠久的办学历史，指明学校向综合性大学稳步发展的方向。
- 放大镜外围为地球经纬线，不仅代表着中国地质大学与地球的亲密关系，同时蕴含着地大人对实现现代型、开放型、国际型的高水平特色大学办学目标的矢志追求和豪迈情怀。

《地大人》编委会

主　　任　　赵鹏大　张锦高

副 主 任　　傅安洲　徐　岩　兰廷泽

主　　编　　卢　杰　张　祎

副 主 编　　李门楼　李云飞

编　　委　　程　亮　丁苗苗　周　迪

　　　　　　王向东　王　梓　王明旭

中国地质大学（武汉）校友与社会合作处

赠

中国地质大学校歌

电影《年轻一代》主题曲《勘探队员之歌》

佟志贤 词
晓　珂 曲

1=C 4/4

```
0 0 0 0 | 0 0 0 0 | 0 0 0 0 | 5 - 1 - | 3· 5 2 3 1 i | 6· 65 66 53 |
```
　　　　　　　　　　　　　　　　　　　是 那　　山　　谷 的 风 吹 动 了 我　们 的 红
　　　　　　　　　　　　　　　　　　　是 那　　天　　上 的 星 为 我　们 点 燃 了 明
　　　　　　　　　　　　　　　　　　　是 那　　条　　条 的 河 汇 成 了 波 涛 大

```
5 - - 0 | 1 - i - | 6 ii 53 2 i | 6· 65 22 32 | 1 - - 5 |
```
旗，　　　是 那　　狂　　暴 的 雨 洗 刷 了 我　们 的 帐　篷，
灯，　　　是 那　　林　　中 的 鸟 向 我　们 报 告 了 黎　明，　　我
海，　　　把 我　们　无　　穷 的 智 慧 献 给 祖 国 人　民，　　我

```
i· 65 32 i | 2 - 23 | 2· 17 672 | i· 65 0 | 532 12 36 | 550 i |
```
们 有 火 焰 般 的 热　情,战　胜 了 一 切 疲 劳 和　寒 冷，　　背 起 了 我　们 的　行 装，攀

```
66 56 53 | 22 01 2 | 35 76 5 | i - 2· 5 | 3· 2 i 3 5 | 76· 65 - |
```
上 了 层　层 的　山 峰,我 们 怀 着 无 限 的 希　望 为 祖　国 寻 找 出 丰 富　的 矿

```
i - - - ‖
```
藏。

难忘地大 感恩母校

校友年度捐赠倡议书

亲爱的地大校友：

大家好！

中国地质大学是培育我们成长的摇篮，在这里我们开始了新的人生道路，打下了坚实的事业基础，结成了最真挚的同窗情谊，留下了最难忘的青春回忆……

光阴荏苒，时光如梭。经过一代又一代地大人的奋斗和拼搏，中国地质大学已经发展成为一所"以地球科学为主要特色，多学科协调发展"的高水平大学，是国家"211工程"重点建设的大学，目前，学校正在努力争取"985工程"并取得实质性进展。在新的征程中，母校将进一步探索具有地大特色的办学模式，努力实现原国务院总理温家宝校友提出的建设"地球科学领域世界一流大学"的办学目标！

建校64年来，母校为国家和社会培养了20余万名毕业生，足迹遍布祖国大江南北和世界各地。校友们发扬"艰苦朴素、求真务实"的校训精神，勤奋进取、开拓创新，在各行各业建功立业，为母校赢得了荣誉、增添了光彩，母校为你们感到骄傲！

校友是母校最宝贵的资源和财富，学校的发展离不开校友的支持和帮助。考察世界一流大学的主流评估体系中，"校友年度捐款率"（参与捐赠的人数）是5项评估指标之一。校友为母校的捐赠，既体现了母校的向心力和凝聚力，又体现了广大校友对母校的关注度和认可度，也体现了广大校友对母校建设一流大学的关心和支持！为了方便校友表达热爱母校之情，学校校友工作委员会从2008年开始，启动"难忘地大 感恩母校校友年度捐赠"活动，搭建校友捐赠平台，使广大校友支持母校建设的夙愿得以实现。

常言道："聚沙成塔，集腋成裘。"我们倡议：在自愿的基础上，地大校友每人每年捐出20元人民币，参与母校建设，让这20元人民币成为承载校友爱心的桥梁！

母校殷切期盼广大校友的积极响应和参与，并衷心感谢你们的支持！

中国地质大学（武汉）校友与社会合作处

2016年1月

附：校友年度捐赠联系方法

一、通过银行转账
开户名：中国地质大学（武汉）
账号：569057528302
开户行：中国银行武汉市地大支行
二、行号：104521003359
学校网站—校友之家—校友会 "在线捐赠" 路径：
http://wwwl.beijing.com.cn/user/meeting/meeting_pay_5852.jsp
三、邮局汇款
430074 武汉市洪山区鲁磨路388号中国地质大学（武汉）
校友与社会合作处 收

中国地质大学（武汉）校友年度捐赠活动实施办法

为满足广大校友回报母校的心愿，经广大校友倡议，中国地质大学（武汉）校友工作委员会于2008年开始启动校友年度捐赠活动，以便更好地服务校友、服务学校建设。为使校友年度捐赠活动顺利进行，捐赠款得到合理有效的管理和使用，特制定本办法。

一、捐赠理念

难忘地大，感恩母校。

二、捐赠办法

1. 依照国家相关法律、法规和有关政策进行，校友自愿捐赠，重在参与。

2. 校友年度捐赠额度：

中国大陆及港澳台地区校友每人每年20元人民币或港币；

退休校友每人每年10元人民币；

海外校友每人每年20美元。

校友可以一次捐赠多年，多捐不限。

3. 校友捐赠可采用汇款、转帐或网上支付等方式(详见《校友年度捐赠倡议书》)。校友也可以亲自或委托他人到中国地质大学(武汉)校友与社会合作处进行捐赠，或通过班级、各地方校友分会有组织地进行捐赠（请捐赠校友工整书写姓名、详细联系地址、邮政编码、毕业班级及专业，并注明"校友年度捐赠"）。

三、捐赠款管理

中国地质大学（武汉）教育基金会是学校接受校友捐赠的职能部门，学校各部门、学院（部、所）、单位和各省市校友分会收到的校友年度捐赠款应全部暂交学校财务处教育基金会账户，按专项款进行管理，并由学校财务处开具收据。捐赠名单列表统计后，教育基金会定期公布并存档。

四、捐赠款使用

在充分尊重捐款校友意愿的基础上，校友年度捐赠款由中国地质大学（武汉）校友工作委员会审议批准使用：

1. 奖励优秀学生、优秀校友；

2. 设立"地大毕业生创业激励基金"（暂定名），资助应届毕业生自主创业；

3. 资助贫困学生的学习、生活和重病救治；

4. 支持学校的建设与发展；

5. 支持校友活动和校友工作的开展。

五、信息公布

教育发展基金会将每月一次在学校网站公布捐赠者名单和捐款额度，每年年终将校友年度捐赠款情况统计列表后，在校友刊物《地大人》上登载，并于每年校庆日在网上公布本年度的捐赠收入和支出情况。捐赠的相关资料（名单、额度）将报中国地质大学（武汉）档案馆作永久存档。

六、鸣谢方式

校友与社会合作处将及时向校友反馈捐赠信息，并褒扬校友的捐赠行为：

1. 对一次性捐赠200元人民币以上者，教育发展基金会代表学校回赠捐赠纪念品；

2. 个人一次性捐赠3 000元人民币以上，班级一次性捐赠10 000元人民币以上，教育发展基金会将颁发《捐赠证书》，并在尊重捐赠者意愿的基础上，制作"捐资树牌"，悬挂于校园主干道两旁的大树上。

七、附则

1. 本办法自公布之日起开始实施；

2. 本办法由中国地质大学（武汉）校友工作委员会办公室负责解释。

中国地质大学（武汉）校友工作委员会

2016年3月

献出一份爱心，哺育地质学人

—— 中国地质大学（武汉）教育发展基金会理事会致辞

亲爱的社会各界友人、海内外校友、全校师生员工：

关爱教育大爱无疆，百年树人功在千秋。

长期以来，中国地质大学（武汉）的发展得到社会各界的热心支持，得到广大校友在人力、物力和财力上的大力帮助。为进一步拓宽社会各界支持学校发展的渠道，搭建广大校友回报母校的平台，规范管理捐赠款物，按照校友们的愿望，遵照国家的法律法规，中国地质大学（武汉）教育发展基金会于2010年注册正式成立，是学校接受社会各界捐赠，依法管理和运作基金，资助特困学生，奖励优秀师生，促进学校发展的公益性组织。基金会将严格按照国家《基金会管理条例》及《中国地质大学（武汉）教育发展基金会章程》运行管理。基金会愿架起捐赠者与学校之间的彩虹桥，起好纽带作用，积极拓展吸纳社会资源的渠道，为中国地质大学（武汉）的发展做出更大的贡献！

广厦万间，众匠所营；涓涓细流，终聚成河。

我们真诚期待：所有关心、支持中国地质大学（武汉）的社会各界友人、海内外校友、全校师生员工，一如既往地倾情奉献，热心捐赠。让我们团结携手、自强不息、奋斗不止，一起缔造中国地质大学（武汉）更加美好的明天！

让各界爱心不断传递，让和谐校园更加美丽！

基金筹措

■ "攀登工程" ——支持教学科研

营造优良、开放、和谐的学术氛围

学科建设
教学科研设施建设
师资队伍建设
其他

■ "未来工程" ——学生服务

培养德才兼备的"五强"人才

奖学金、助学金
重大疾病救治
创新人才培养
学生创业
学生活动
其他

■ "同心工程" ——校友服务

建设平台，促进校友事业发展

校友救助
校友发展
校友工作
其他

■ "广厦工程" ——校园建设

建设绿色、美丽、低碳校园

校园建设
文体场馆建设
景观、绿化建设
其他

前 言

中国地质大学创建于 1952 年,前身是北京大学、清华大学、天津大学、唐山铁道学院等系(科)合并组建而成的北京地质学院,1960 年被国家确定为全国重点院校。1970 年迁出北京,1975 年定址武汉,1987 年经国家教育委员会批准更名为中国地质大学。中国地质大学的建设经历了北京地质学院、湖北地质学院、武汉地质学院和中国地质大学 4 个历史时期。在全体地大人的团结奋进下,经过半个多世纪的励精图治,学校完成了由单科性地质院校向以地球科学为特色,理、工、文、管、经、法、教、哲协调发展的多科性大学的转变,成为教育部直属的全国重点大学、国家"211 工程"和"国家优势学科创新平台建设"的大学。

从北京地质学院到湖北地质学院、武汉地质学院、中国地质大学,薪火相传,学脉连绵,60 多年来累计培养各类人才 20 余万人,学校已成为国家高级专门人才的重要培养基地。进入 21 世纪以来,学校在科学发展观的指导下,始终秉承"艰苦朴素、求真务实"的校训精神,现已发展成为以地球科学为主要特色,理、工、文、管等多学科协调发展,国家"211 工程"、"国家优势学科创新平台建设"项目资助的全国重点大学。目前,学校正朝着校友——原中华人民共和国温家宝总理提出的建设"地球科学领域世界一流大学"的长远办学目标阔步前进。

校友是学校宝贵的资源和财富。2000 年,中国地质大学(武汉)校友会成立,校友与母校有了一个合法的联谊窗口,有了一个沟通信息、联络感情、加强合作的桥梁。十几年来,中国地质大学(武汉)校友会本着"发扬地大传统、弘扬地大精神,增进母校与校友、校友与校友间的联络和感情,合作共赢"的宗旨,肩负起校友总会的工作职责,成为母校联系广大校友的桥梁和纽带,通过联络校友、服务校友、宣传校友、凝聚力量,在为母校提高办学质量、增强办学实力,为校友们扩大社会交往、拓展社会资源、开展交流合作、提升科技实力等方面都发挥了重要作用,得到了校友们和学校的一致好评。从 2006 年开始,中国地质大学(武汉)校友工作办公室(现更名为中国地质大学(武汉)校友与社会合作处)创编了《地大人》,向海内外校友反映母校年度建设发展情况、介绍校友工作动态、报道各地校友会活动、展示校友风采、登载校友文章等。温家宝校友亲笔为母校题写了校名,给予母校诸多的鼓励和希冀。

十几年来,《地大人》都是在校友和各地校友分会的大力资助下顺利出版的,并全部通过各地校友分会和邮寄等方式免费赠送给各地校友,受到校友们的好评,不断有索要函发至校友与社会合作处,我们将尽全力满足校友的需求。因为出版、印刷资金有限,每年《地大人》的印数也受到限制,不能完全满足校友们阅读之需求。为满足更多校友阅览《地大人》的愿望,我们已将 2006—2015 年的《地大人》电子版挂在中国地质大学的"校友之家"网站(http://cuggroup.cug.edu.cn/xyb/)。同时,从 2009 年开始,我们尝试制作光盘版《地大人》,赠送给需要的校友们阅读。

"好雨知时节,当春乃发生。"《地大人》是中国地质大学校友们自己的出版物,希望校友们关注她、支持她,积极投稿,并为她的成长献计献策、贡献力量,使《地大人》的编辑水平和图书质量能够不断提高,更好地为校友们服务。

由于本书编辑时间仓促,加之编委会人员调整,缺乏编辑经验,编辑水平有限,书中难免有不足之处,诚望各位校友批评指正并提出更好的建议!

《地大人》编委会
2016 年 12 月

目 录

第一篇 辉煌地大

Ⅲ

第二篇 对外交流与社会合作

第三篇 校友活动

第四篇　校友风采

第五篇 校友文萃

第六篇 校友及社会捐赠

第七篇 校园之窗

第八篇 校史展示

第九篇 校友之家

大地煌辉

2016 年度十大新闻

1. 高层次人才队伍建设有新气象

据爱思唯尔发布的榜单显示,高山、刘勇胜、蒂姆·柯斯基、吴元保、谢树成、张宏飞、蒋少涌、吴敏、何勇教授 9 位学者入选"2015 年中国高被引学者"[①],吴元保教授获"国家杰出青年科学基金"项目资助,宋海军教授入选"长江学者奖励计划"青年学者项目,文森特·苏斯泰、王伟、汪在聪、展昕入选"千人计划"青年项目,刘勇胜、李建威、何勇、成金华入选"国家万人计划领军人才"。

2. 教育教学工作稳步推进

2016 年 11 月 22 日—25 日,以电子科技大学副校长朱宏教授为组长的教育部本科教学工作审核评估专家组来校,对本科教学工作进行全面审核和评估考察;新增大气科学、数字媒体艺术两个本科专业,目前学校共有 64 个本科专业,中外合作办学本科教育项目 1 个;龚一鸣教授获"楚天园丁奖"。

3. 国家自然科学基金与重点研发项目有突破

145 个项目获得"国家自然科学基金"资助,马腾、胡新丽、胡祥云 3 位教授获得重点项目资助,宋海军教授、罗银河教授获得"优秀青年科学基金"项目资助,由谢树成教授牵头负责的"海洋储碳机制及区域碳氮硫循环耦合对全球变化的响应"项目获得国家重点研发计划"全球变化及应对"专项经费资助,李祖超教授主持的"社会变迁过程中青少年价值观的发展与影响机制研究"获全国教育科学"十三五"规划重点项目资助。

4. 学术影响力再上新台阶

谢树成教授主持申报的"显生宙最大生物灭绝及其后生物复苏的过程与环境致因"被评为国家自然科学奖二等奖,唐辉明教授主持申报的"重大工程滑坡灾变过程控制方法与关键技术"获湖北省科技进步奖一等奖,吴敏教授主持申报的"复杂系统先进控制与智能自动化创新引智基地"入选 2017 年度"高等学校学科创新引智计划",成秋明教授当选国际地质科学联合会主席,赖旭龙教授当选国际牙形石学会主席,《地球科学》中、英文版双双荣获中国最具国际影响力的学术期刊。

5. 科学研究与成果转化成绩明显

依托"千人计划"专家程寒松教授的"常温常压储氢技术",首台常温常压储氢·氢能汽车工程样车"泰歌号"下线;全年专利申请达 640 件,同比增长 25%;学校获首批"国家专利协同运用试点单位",与湖北省知识产权局共建"湖北省知识产权与创新发展研究院";由谢树成教授、唐辉明教授担任首席科学家并分别承担的"若干重大地质环境突变的地球生物学过程""重大工程灾变滑坡演化与控制的基础研究",通过"973"(国家重点

[①] 高被引学者即高被引科学家,意为这些科学家所写的论文被引用的次数很多,在世界范围内的影响力很大。

基础研究发展计划）项目验收。

6. 拔尖创新人才培养成就喜人

6支学生团队在"创青春"全国大学生创业大赛获奖6项；学生在数学建模大赛、石油工程设计大赛、石油装备创新设计大赛、大学生勘探物理编程大赛、大学生测绘技能大赛、大学生信息安全竞赛、高校移动互联网应用创新大赛等全国性赛事中获奖共25项；"行星科学研究团队"被授予"大学生小平科技创新团队"称号；学校入选"创新人才培养示范基地"；学校入选第二批全国高校实践育人创新创业基地；学校承办第四届全国大学生野外地质技能竞赛，获团体一等奖；首届地球科学菁英班61名学生毕业，其中50人继续深造。

7. 国际合作与交流持续推进

学校通过国家首批来华留学质量认证；"地球科学创新人才培养国际研讨会"召开；外籍专家维克多·契霍特金教授获"编钟奖"；学校与瑞士苏黎世联邦理工学院签署合作备忘录，重点在深部地热能源和氢能领域开展合作；学校与西班牙高等科学研究理事会签署合作协议。

8. 校园基建与后勤服务取得进展

2016年11月14日，新校区学生宿舍三组团建设项目主体结构全面封顶，至此新校区完成主体结构封顶的建设项目总建筑面积累计已达到22.21万 m^2；学校游泳馆竣工；校园环境建设改善显著；三峡库区地质灾害研究中心巴东综合实验楼项目竣工验收并交付使用。

9. "7＋2"①登山科考活动圆满完成

由董范教授领衔的登山队，于北京时间2016年4月24日21时57分徒步抵达北极点；12月14日2时30分成功登顶南极洲最高峰文森峰；12月25日6时16分，登山队徒步抵达南极点，这标志着学校历时4年多时间实施的"7＋2"登山科考活动圆满完成。

10. 党建与思想文化工作亮点迭出

学校扎实开展"两学一做"教育，"支部主题党日"活动坚定了党员师生的理想信念；《以艰苦奋斗精神涵育大学文化建设》获全国高校校园文化成果特等奖；文艺节目《山水中国美》《榜样的力量》分别亮相中央电视台；李四光学院201131团支部和材料与化学学院030131团支部获评全国高校"活力团支部"；学校再次获得"全国教育系统关心下一代先进单位"称号；《最是书香》被评为"全国优秀社会科学普及作品"。

---

① "7＋2"是指攀登七大最高峰，且徒步到达南北两极点的极限探险活动。

校科学技术委员会成立

2016年1月26日,校科学技术委员会成立。副校长郝芳、校科学技术委员会全体成员参加大会。

校学术委员会主任委员童金南回顾了新一届校学术委员会及科技委员会等4个专门委员会的组建历程。他强调了科学技术委员会的职责权限,希望科学技术委员会行使职权,共同推动学校科技事业蓬勃发展。

科学技术委员会主任委员夏江海发言。他希望科学技术委员会及全体委员认真履职,遵照学术委员会章程和科学技术委员会规程,充分行使学术审议、学术评议、战略咨询等职权;积极开展调查研究,为学校科技战略发展提供咨询,为学校科技事业发展贡献智慧。

成立大会结束后,夏江海主持召开了校科学技术委员会第一次全体会议。与会委员听取了科学技术发展院《优先发展引导计划实施办法》《青年教师能力提升计划实施办法》及相关情况汇报,围绕学校科技地缘战略、地学长江计划、优先发展领域/区域、承担重大科技项目能力提升等积极建言献策。

学校新增两个本科专业

2016年3月3日,教育部公布了《2015年度普通高等学校本科专业备案或审批结果的通知》,学校环境学院申报的大气科学专业和艺术与传媒学院申报的数字媒体艺术专业均获通过。

截至目前,学校共有64个本科专业,中外合作办学本科教育项目1个。新专业将于2016年面向全国招生。大气科学专业授予理学学士学位,数字媒体艺术专业授予艺术学学士学位,学制均为4年。

学校新增4名国家"千人计划"青年项目入选者

2016年3月20日,第十二批国家"千人计划"青年项目入选资格名单正式公布,学校文森特·苏斯泰、王伟、汪在聪、展昕4位青年人才入选国家"千人计划"青年项目。

文森特·苏斯泰系法国人,1983年10月出生,2015年12月来学校工作,现为地球科学学院教授,主要研究方向为构造地质学。他曾获德国洪堡博士后基金、法国地质协会优秀博士论文奖。2010年在法国蒙彼利埃第二大学获得博士学位后,先后在德国、美国从事科研工作,近5年在《地质学》等国际重要期刊上发表SCI(美国《科学引文索引》)

论文 7 篇。

王伟，1984 年 7 月出生，2014 年 8 月来学校工作，现为地球科学学院教授，主要研究方向为矿物学、岩石学、矿床学。他于 2013 年获得香港大学博士学位，留校担任研究助理开展科研工作。近 5 年在《地球与行星科学通讯》等国际重要期刊上发表 SCI 论文 21 篇，论文他引达到 330 多次，其中 1 篇以第一作者论文入选"高被引论文"①。

汪在聪，1985 年 9 月出生，主要研究方向为地球化学。他于 2014 年获得德国柏林自由大学博士学位，并留校从事博士后研究工作。他在地球早期增生演化与水起源的研究方面取得了重大成果，近 5 年在《自然》等国际顶尖期刊上发表 SCI 论文 12 篇，其成果被《自然》的评论文章进行了重点评述，被《自然》《地球化学与宇宙化学学报》《地球与行星科学通讯》等期刊引用 49 次。

展昕，1981 年 12 月出生，主要研究方向为地球探测与信息技术。2009 年获得美国麻省理工学院博士学位，在美国埃克森美孚石油研发公司任职，为该公司地球物理高级研究员。她在地球物理的理论研究和成果转化方面取得了一系列成果，获得多项国际专利，近 5 年发表 SCI 和 EI 论文 12 篇。

国家"千人计划"青年项目自 2011 年 8 月开始实施，目前主要面向自然科学或工程技术领域申报，旨在引进为今后 10～20 年中国科技、产业的跨越式发展提供支撑的、有潜力的优秀青年人才，每年 400 名左右。截至目前，学校国家"千人计划"各类项目入选者增至 18 人。其中，创新人才长期项目入选者 6 人、创新人才短期项目入选者 2 人、青年项目入选者 10 人。

学校召开"十三五"规划领导小组会议

2016 年 4 月 13 日下午，学校"十三五"规划领导小组会议在东苑会议室召开。在校校领导、"十三五"规划领导小组成员及"十三五"总体规划起草小组成员参加会议。

校长王焰新主持会议。

发展规划处处长储祖旺就"十三五"事业改革与发展总体规划编制进行说明，他介绍了学校"十三五"总体规划的起草过程和主要内容，并就下一步相关工作安排进行了简要介绍。

"十三五"规划领导小组成员就"十三五"总体规划第四稿逐一发表看法、提出建议，共形成修改意见 160 条，涵盖总体发展思路与发展目标、改革发展任务、战略保障规划实施、指标体系等各个方面。

"十三五"规划领导小组会议现场

---

① "高被引论文"指近 10 年来被引频次排在前 1% 的论文。

校党委书记郝翔讲话。他要求，进一步归纳主要问题，根据问题导向完善规划文本。对规划文本的修改完善工作，他提出，要进一步提炼、细化总体思路与具体内容，进一步协调重点建设与全面推进的关系，明确核心指标与关键性举措，加强顶层设计，达成广泛共识。

校长王焰新提出5点要求：一要认真组织总体规划的修改完善，安排好征求意见座谈会等各项后续工作；二是在完善规划的过程中，找准关键问题、明确核心指标；三要尽快组织专项规划完善工作，确定路线图和时间表；四是建议后期对总体规划和专项规划进行专业评审；五要高度重视和做好"十二五"验收工作。

国家技术转移中部中心物理平台正式启用

2016年5月6日，由学校地质资源环境工业技术研究院（简称"资环工研院"）牵头承接的国家技术转移中部中心（简称"中部中心"）物理平台启动仪式在学校珠宝科研大楼举行。湖北省政协副主席、省科学技术厅（简称"科技厅"）厅长郭跃进，科技部火炬中心副主任段俊虎为物理平台揭牌。

签约《备忘录》

湖北省科技厅巡视员郑春白主持。

中部中心物理平台市场化建设运营主体——中部知光技术转移有限公司董事长郝义国介绍了中部中心物理平台的建设情况和规划。

校党委书记郝翔讲话。他说，学校重视科技成果转化与产业孵化探索工作，积极探索体制机制创新，先后成立了资环工研院和知识产权与技术转移中心，努力为科技创新型企业提供全价值链科技产业服务，推动区域经济创新发展。国家技术转移中部中心技术转移综合服务市场正式揭牌，这为学校进一步服务国家战略、推进科技成果转移转化提供了难得的机遇。他表示，学校将全力支持中部中心的建设，并在成果转化、产业孵

校党委书记郝翔讲话

化、知识产权、技术合同登记等方面与中部中心进行更紧密的对接与合作。

湖北省政协副主席、省科技厅厅长郭跃进在讲话中说，国家技术转移中部中心落户湖北，既是国家创新驱动发展战略所需，也是国家技术转移中心在全国布点的必然选择。他希望各有关单位以此次启动大会为契机，把握机遇，加快中部中心各平台建设，为湖北省"十三五"创新发展、跨越发展添油加力。

科技部火炬中心副主任段俊虎对国家技术转移中部中心的建设情况给予充分肯定，他希望各方继续努力，加快推进中部中心的建设，为我国实施创新驱动发展战略，推动经济社会转型升级做出积极贡献。

与会人员参观了国家技术转移中部中心物理平台。该物理平台占地超 6 000m²，包含创业咖啡、一站式服务大厅、路演大厅和技术转移中介服务聚焦区等功能区，并配有若干会议室，供技术转移活动免费使用。

揭牌仪式后，"氢能汽车""真彩 3D 打印及云服务平台"等湖北省重大科技成果项目进行了路演及签约。

副校长赖旭龙，湖北省科技厅、湖北省知识产权局、武汉市科学技术局、东湖新技术开发区管理委员会、襄阳市科学技术局、宜昌市科学技术局，以及部分重点高校、科研院所、中介机构、风投机构和企业的 140 多名代表参加活动。

中部中心由中华人民共和国科学技术部（简称"科技部"）与湖北省政府共同建设，技术转移综合服务市场是实体的交易市场，设在学校珠宝科研大楼，占地超 6 000m²，设有科技成果展示区、路演中心、中介、金融服务区等。有科技成果转化和需求的机构和个人，都可在此享受专利审查代办、政策咨询、项目路演交易等一站式服务，市场方还能根据企业的需求提供定制服务。

另悉：华中网上技术转移服务平台（科惠网）当天正式开始运行。不仅可以实现科研成果买卖交易，还可以提供政府政策、专家智库等涉及技术转移的各种咨询服务。该平台目前已集成湖北各类科技成果及国内外专利 1 000 多万条，已注册省内技术专家近

路演现场

5 000人、各类科技型企业及技术转移中介机构4 000余家,已联动湖北省科技信息共享五福平台、大型科学仪器协作共享平台、湖北省科技成果一站式服务平台、湖北省技术合同登记系统四大平台系统。

第十二届校"十大杰出青年"评选结果揭晓

2016年5月4日,学校第十二届"十大杰出青年"评选结果揭晓。经民主推荐、评委会严格评审,宋海军等10人被评选为"十大杰出青年"。

评选活动由校党委组织部、宣传部、监察处、人事处、科学技术发展院(简称"科发院")、教务处、学生工作处(简称"学工处")、研究生工作部(简称"研工部")、工会、共青团中国地质大学委员会(简称"校团委")等部门联合开展,经全校各二级党组织推荐,共有21名优秀青年教职工参评。

经答辩和评委会投票,地球科学学院党委宋海军、资源学院党委赵新福、材料与化学学院党委李国岗、工程学院党委李长冬、地球物理与空间信息学院党委蔡建超、机械与电子信息学院党委刘勇、信息工程学院党委武彦斌、数学与物理学院党委黄刚、公共管理学院党委胡守庚、机关党委高复阳被评选为"十大杰出青年"。

"十大杰出青年"评选旨在表彰和宣传在学校建设中表现突出的先进青年典型,激励广大青年教职工勤奋学习、刻苦钻研、建功成才、服务社会,促进更多的优秀青年教职工脱颖而出,为学校建设与发展做出积极贡献。

学校第八届教代会第三次会议暨
十七届工代会第三次会议闭幕

2016 年 5 月 16 日下午，学校第八届教职工代表大会（简称"教代会"）第三次会议暨第十七届工会会员代表大会（简称"工代会"）第三次会议在弘毅堂隆重闭幕。全校 230 余名教职工代表参加会议。

校党委副书记成金华主持会议。

校工会副主席隋明成作代表团讨论意见汇总报告；提案工作委员会委员吴北平作提案工作报告，汇报了 2015 年提案的落实情况。

会议审议并通过了《关于校长工作报告的意见》《关于通过工会工作报告的决议》《关于学校'十三五'事业改革与发展总体规划的意见》和《关于学校学术委员会工作报告的意见》。

围绕大会主题，教务处处长殷坤龙、资产与实验室设备处处长徐四平、研究生院常务副院长杜远生，校长助理、新校区建设指挥部副指挥长刘杰先后作了以《以本科教学工作审

教代会闭幕现场

核评估为契机，着力提升人才培养质量》《规范国有资产管理 促进学校事业发展》《深化研究生教育改革 提升学位点建设水平》《改善基本办学条件 托起学校跨越式发展》为题的发言。

校党委副书记傅安洲宣读《关于表彰 2015 年度工会工作积极分子、工会工作积极分子标兵、优秀工会工作者、优秀教工之友和工会工作先进集体的决定》，校党委书记郝翔为 2015 年度工会工作先进集体颁奖。

校党委副书记傅安洲宣读《关于表彰第八届教职工代表大会第二次会议提案组织先进单位、提案承办先进单位和优秀提案的决定》，校长王焰新为获奖单位和个人颁奖。

郝翔致闭幕词。他说，这次会议展现了团结、务实、民主、和谐的新气象，形成了教职工参政议政、民主管理的良好氛围。会议达到了总结工作、发扬民主、明确任务、再鼓干劲的目的。

郝翔强调，"十二五"发展已经收官，"十三五"蓝图已经开启，学校事业发展处在十分关键的时期，强化内涵发展、深化综合改革、追求学术卓越、全面提高质量、加强基本建设、全力争创一流的任务非常艰巨而紧迫。我们对此要有充分的认识，要以改革创新精神不断推动学校各项事业再上新的台阶。一要认真谋划和落实学校"十三五"发展规划，深化学校综合改革；二要做好 4 个专项评估、认证工作，进一步加强人才培养质量和学科

建设水平;三要认真开展"两学一做"学习教育工作,推动依法治校水平;四要不断加强教代会自身建设。

他希望,全校教职员工以此次教代会为契机,以更加饱满的工作热情、更加勤奋的工作态度、更加务实的工作作风,投入到各自工作中,凝心聚力,锐意进取,为确保实现"十三五"学校发展规划的良好开局,为把学校建设成为地球科学领域世界一流大学而努力奋斗。

最后,大会在雄壮的国际歌声中圆满落幕。

学校以多种形式开展"支部主题党日"活动

2016年7月3日,为深入推进"两学一做"学习教育,在学校党委的统筹安排下,学校各党支部坚持每月固定一天为"支部主题党日",以"支部主题党日"为教育载体,深入推进组织生活规范化。

校党委要求,各二级党组织要坚持把严肃党的组织生活与开展"支部主题党日"活动紧密结合,做到"四个明确":明确时间,即每月固定一天;明确对象,将每个支部、每名党员纳入活动范围;明确内容,将诵读党章党规、缴纳党费、开展学习讨论、结合实际讲党课、民主评议党员等作为规定动作,将创新改革试验、履职尽责管理、精准扶贫等纳入"支部主题党日"范畴;明确示范,各级党员干部带头参加"支部主题党日"活动,带头交党费、谈体会、讲党课。

全校各二级党组织积极行动起来,结合自身特点,精心谋划设计,有声有色地开展"支部主题党日"活动。如地球科学学院党委组建了14支学生"地学之光"政治理论宣讲队、马克思主义学院组建了6支大学生"红色之声"宣讲团,"地学之光"政治理论宣讲队和"红色之声"宣讲团已被纳入校党课教育资源库,可面向全校党支部提供党课学习交流;资源学院依托"师生面对面谈心"等活动,在解决师生最关心、最直接、最现实的问题上下工夫;数学与物理学院举办"两学一做"微信平台学习交流日;珠宝学院制订了党史读书交流会计划;各学院还通过"党史、党章及党规知识竞赛"、演讲比赛、观看爱国影片等活动来深化学习教育效果。截至目前,全校29个二级党组织全部完成了首次"支部主题党日"活动,累计开展54次,参与党员达13 000人次,473个基层党支部完成了"支部主题党日"学习计划。

学校还以教工党支部"结对领航"、大学生党支部"党徽照我行——支部引领工程"和研究生"示范党支部建设工程"为载体,强化学生党员自我教育,引领广大学生勤奋学习。学校在学生宿舍区建立学生党员学习中心,开展理论学习、评先评优、党员宿舍挂牌、学生党员志愿服务小组等活动;材料与化学学院在学生党员中开展"一守一讲一比一争"活动(守纪律、比成绩、讲奉献、争模范),带动广大学生自觉加强学习;地球物理与空间信息学院实行学生党员定岗定责,明确学生党员工作职责,在实践中锤炼党性;自动化学院组建了学生党员干部科技帮扶讲解团队,为广大学生答疑解惑;体育课部学生党员勇于担当,克难奋进,4名学生党员圆满完成"7+2"全球登山科考第七站——徒步北极点任务。

学校"两学一做"学习教育协调小组办公室负责人表示，将结合各二级党组织的计划安排进行检查督促，以确保"支部主题党日"工作落到实处，同时将学习教育活动与学校中心工作相结合，坚持两手抓、两不误、两促进。

校领导赴竹山县考察指导精准扶贫工作

2016年6月24日—26日，校党委书记郝翔一行赴十堰市竹山县考察指导学校精准扶贫工作。

在竹山县人民代表大会常委会主任方孝春等的陪同下，郝翔一行先后考察了学校对口扶贫村——小河村和竹山县绿松石的产业发展情况。在小河村村民委员会（简称"村委会"），郝翔看望慰问了学校驻村工作队的同志，实地察看了工作队办公场所，询问了驻村生活情况，详细听取了镇、村干部和工作队同志们的工作汇报，走访慰问了贫困户。

郝翔一行走访了绿松石矿业公司和加工企业考察生产建设情况，参观了国际绿松石城和绿松石博物馆，参加了学校珠宝检测中心竹山实验室揭牌仪式，听取了绿松石国家检测标准研制情况，并就进一步推进校地合作进行了座谈。

郝翔对推进精准扶贫工作提出意见。他希望，驻村工作队的同志按照"两学一做"学习教育的要求，发挥党员的先锋模范作用，以更加扎实务实的工作作风克服困难，努力开展工作，多为百姓办好事、办实事，要为贫困群众早日脱贫致富贡献力量。他要求，珠宝学院、公共管理学院等单位以科技项目扶持当地产业为突破口，充分发挥学校科技、人才优势，积极为竹山县产业发展多作贡献。

据悉，绿松石是竹山县的支柱产业，开发竹山县绿松石资源项目是学校对口开展科技扶贫重点项目。

学校在京召开"十三五"规划专家咨询会

2016年7月8日下午，学校在北京举行"十三五"规划专家咨询会。来自教育部、科技部、国土资源部、国家自然科学基金委、中国科学院地质与地球物理研究所、中国教育学会、中国高等教育学会和《中国教育报》等单位的专家学者出席咨询会。校长王焰新、副校长万清祥及学校相关职能部门负责人参加了会议。

王焰新向与会专家学者介绍了近年来学校改革发展基本情况和"十三五"规划的编制原则、起草过程及主要内容。

中国科学院地质与地球物理研究所叶大年院士、中国教育学会会长钟秉林教授、国家自然科学基金委地学部常务副主任柴育成教授、中国高教学会王小梅副秘书长等专家和来自教育部、国土资源部、科技部相关司局的专家先后发言。与会专家充分肯定了学校总体规划并对进一步修改完善总体规划提出了宝贵的意见和建议。

王焰新校长代表学校对各位专家提出建议表示感谢。他要求规划起草小组要认真学习领会专家意见,按照"三个突出"的要求,即突出特色和亮点、突出关键指标、突出改革创新关键举措,进一步做好规划修改完善工作。

校党委常委会专题学习《中国共产党问责条例》

2016年7月29日上午,校党委常委会召开专题学习会议,集体学习了《中国共产党问责条例》(简称《条例》)。校党委书记郝翔主持会议,全体党委常委会成员、职能部门主要负责人、二级单位党组织书记参加了专题学习。

校党委常委会专题学习会议现场

校党委副书记、纪委书记成金华逐条逐句学习并解读了《条例》的内容,传达了中共中央关于贯彻《条例》的有关通知精神,指出:《条例》以党章为根本遵循,全面贯彻党的十八大和十八届三中、四中、五中全会精神,深入贯彻习近平总书记系列重要讲话精神,聚焦全面从严治党,突出管党治党的政治责任,着力解决一些党组织和党的领导干部在党的领导弱化、党的建设缺失、全面从严治党不力、党的观念淡漠、组织涣散、纪律松弛、不担当、不负责等方面的突出问题,体现了党的十八大以来管党治党理论和实践创新成果,是全面从严治党重要的制度遵循,对于统筹推进"五位一体"[①]总体布局和协调推进"四个全面"[②]战略布局,实现党的历史使命,具有十分重要的意义。

校党委书记郝翔结合学校的工作,就学习贯彻落实好《条例》的有关精神提了4点要求:一要提高认识,增强贯彻落实好《条例》重要性的认识。要深刻领会中央的意图,牢固树立政治意识、大局意识、核心意识、看齐意识,自觉同以习近平同志为总书记的党中央保持高度一致,抓好《条例》的学习宣传和贯彻落实,把管党治党的责任担当起来。认真学习领会习近平总书记重要讲话精神,切实把思想和认识统一到中央的重大决策部署上来。要通过系统深入的学习和反复研读,深刻领会讲话中的新观点、新论断、新要求,坚定理想信念,树立看齐意识。二要明确责任,将《条例》精神落到实处。学校的各项工作要责任到人,具体责任和领导责任都要明确,但具体工作领导也要亲自抓,不能全部交给下属去做,重要工作要亲历亲为。学校领导班子成员要发挥表率作用,带头学习宣传、贯彻落实,认真履行"一岗双责"。党员干部要密切联系实际,把自己摆进去,以身作则、以

[①]"五位一体"是十八大报告的"新提法"之一,是指经济建设、政治建设、文化建设、社会建设、生态文明建设——着眼于全面建成小康社会、实现社会主义现代化和伟大复兴。

[②]"四个全面",即全面建成小康社会、全面深化改革、全面依法治国、全面从严治党。

上率下,敢于较真碰硬、层层传导压力,让失责必问、问责必严成为常态。三要有责任担当,增强贯彻落实《条例》的自觉性。要通过认真学《条例》,唤醒党员干部的责任意识和担当精神,要言出纪随,严于律己,自觉担当。四要认真整改,要让全体党员干部充分认识到有权必有责、有责必担当、失责必追究的道理,要发扬主人翁的作用,结合"两学一做"具体工作落实整改责任,全面推进学校的工作。

会议还分析研究了学校下一步"两学一做"的相关工作。

学校海洋学院正式揭牌成立

2016年11月8日,海洋学院揭牌仪式暨学科建设研讨和学术交流会在丝绸之路学院举行,海洋学院正式宣告成立。继学校实现"上天、入地、登极"三大目标后,"下海"也成为现实。广州海洋地质调查局党委书记温宁,中国海洋大学副校长李巍然,十多家涉海高校、单位代表,学校副校长万清祥,相关单位负责人及海洋学院全体教师参加会议。海洋学院党委书记解习农主持会议。

海洋学院学科建设研讨和学术交流会现场

万清祥在致辞中说,党的十八大提出了建设海洋强国的目标,发展海洋科学,是可持续开发利用海洋资源维护国家安全和海洋权益的重要基础,既有迫切性的国家需求、行业需求,也有现实性的区域经济社会发展需求。作为长期以地学为主的行业特色大学,为了适应国家发展的需求,学校高度重视海洋学科的布局和发展,在原有学科体系基础上,整合资源学院、地球科学学院、环境学院、地球物理与空间信息学院、工程学院、信息工程学院等涉海方向的师资力量、办学资源和科研条件,同时大力引进海洋科学高层次学术带头人和优秀团队,筹建了海洋学院。他希望学院继续发挥海洋科学、海洋地质的原有优势和积累,做大做强海洋工程和海洋化学

教师代表任建业(左)、姜涛(右)为海洋学院揭牌

等专业,尽快建立自己的特色与优势,建设、发展好海洋学院。

海洋学院副院长牟林介绍了学院的历史与现状,分析了海洋学院发展的机遇和挑战,从学科定位与发展目标、人才培养、师资队伍建设、平台建设、科学研究和国际国内合

作等方面展示了学院的"十三五"规划。他表示,学院成立后,将继续完善内部组织架构和管理制度,推进人、财、物等资源的合理调配,尽快组建"海洋工程与技术"新专业,加大引进与培养人才力度,集聚校内外科研合力,更好地组织开展大型科研项目,力争早日实现学校海洋学科发展的美好愿景,让海洋学院发展步入快车道。

揭牌仪式后,海洋学院学科建设研讨会举行,各位专家纷纷为海洋学院的发展出谋献策。

当天下午,中国科学院南海海洋研究所副所长林间、中国海洋石油总公司研究总院勘探开发研究院总工程师张功成、上海河口海岸科学研究中心副主任戚定满、上海海洋大学海洋学院副院长高郭平聚焦深海大洋科学技术与国际重大研究计划、南海北部陆缘深水油气地质理论技术创新与勘探重大突破、近海海域工程中数值模拟应用及研究、海洋大数据生产和应用及其前景展望等问题作了报告。

据了解,中国地质大学是我国高校中最早发展海洋地质学科的单位之一,早在20世纪50年代即组建海洋地球物理勘探教研室。20世纪90年代中后期起,海洋科学专业通过"211工程"被予以重点支持,进入蓬勃发展时期。2013年,在教育部发布的第三轮学科评估结果中,学校海洋学科排名全国第五。目前,海洋学科基本构建了"学士—硕士—博士—博士后"的人才培养格局,形成了以"海洋地质"为主要特色并带动相关海洋专业方向的学科体系。海洋学院现有教职工30人,学生213人。

2016年本科教育教学工作会议举行

2016年11月17日,学校在弘毅堂召开本科教育教学工作会议第一单元大会,深入探讨如何"以本科教学审核评估为契机,深化教育教学改革,全面提高人才培养质量"。在校校领导、全校教师、全体处级干部,以及各学院(课部)和职能部门的教学管理人员参加会议。校党委副书记傅安洲主持会议。

校长王焰新作主题报告。他说,近年来,学校坚持突出人才培养中心地位,根据国家社会需求和学科专业发展趋势,遵循教育规律,科学设置人才培养目标,准确定位专业发展目标,大力推进教育教学改革,尤其是在转变教育观念、明确办学思想、加大教学投入、加强教学条件建设、深化教学改革、严格教学管理、完善创新人才培养体系等方面狠下工夫,取得了一系列可喜成绩。同时,教育教学工作也面临一些突出的困难与问题,学校将以审核评估为契机,认真查找问题,深入开展教育教学改革大讨论,进一步理清思路、明确目标、完善制度、强化责任,不断深化教育教学改革,全面提高教学和人才培养质量。

副校长赖旭龙对照审核评估体系,从办学定位和目标、师资队伍、教学资源、培养过程和学生发展5个方面系统梳理了本科教育教学工作中存在的问题和不足。他强调要坚持问题导向,采取有效措施,切实补齐短板,不断完善优化人才培养体系,提升教育教学水平。

教务处处长殷坤龙、学生工作处(简称"学工处")处长王林清、资源学院副院长姚光庆、地球科学学院地球化学系党支部书记谢淑云、计算机学院信息安全系主任宋军结合

2016年本科教育教学工作会议现场

各部门、院系情况围绕大会主题作了发言。

会议对"创新创业教育月"活动进行了总结表彰。校党委副书记朱勤文宣读学校《关于表彰2016年"最受学生欢迎课程"和"优秀创新创业教育导师"的决定》。地球物理学导论等25门课程被评为"最受学生欢迎课程"，张昊等20位校内教师、孙政权等3位校外企业家导师被评为"优秀创新创业教育导师"。副校长万清祥为受表彰的老师颁奖。

校党委书记郝翔讲话。他说，学校各级干部、教师要认真学习领会教育部党组书记、部长陈宝生同志10月15日在武汉高校工作座谈会上的讲话精神，落实党的教育方针政策，坚持立德树人思想引领。他强调，人才培养是学校的中心任务，全校师生员工要立足岗位、主动担当、全员育人；要坚持以评促建、以评促改、立行立改，不断深化教育教学改革，实现人才培养目标。

武汉市市长万勇来校调研

"感谢中国地质大学（武汉）对武汉市的长期支持，我们将全力以赴，继续做好服务工作。"2016年1月7日，中共武汉市委副书记、市长万勇来校调研时表示。

在校党委书记郝翔、校长王焰新的陪同下，万勇市长调研考察了可持续能源实验室，听取了实验室主任程寒松的介绍。万勇市长对该实验室正在研究的氢能及储氢材料设计制备技术等领域饶有兴趣，一边考察一边和程寒松教授亲切交谈，认真询问研究领域相关情况。他还详细了解了学校珠宝实验大楼建设的相关情况。

王焰新代表学校对万市长一行来校视察指导工作表示欢迎，并对一直以来市委市政府给予学校的关心和帮助表示感谢。他汇报了学校发展历史及近期在人才培养、学科建

中共武汉市委副书记、市长万勇来校调研（左为校长王焰新、中为市长万勇、右为校党委书记郝翔）

设、队伍建设、科研产业等方面取得的成绩,详细介绍了"武汉·中国宝谷"建设、氢能研究、"中约大学"筹建情况,提出了恳请市政府给予学校支持的亟待解决的问题。

就学校提出的问题,武汉市相关部门负责人纷纷表示,将尽快研究,拿出解决方案,为学校做好服务,支持学校的发展。

万勇市长充分肯定了学校在人才培养、科学研究、社会服务等方面做出的突出贡献。就学校提出的问题,万勇市长以现场办公的方式逐件进行了落实。他指出,中国地质大学(武汉)要充分利用自身的办学特色和优势,在与武汉市融合发展上,探索出一条新路。他表示,将全力帮助解决学校在发展中面临的困难,共同争取早日实现建设国家中心城市、复兴大武汉的目标。

武汉市委常委、东湖高新区党工委书记胡立山,武汉市政府秘书长彭浩,校党委副书记朱勤文、成金华,副校长王华、万清祥,以及学校相关职能部门负责人,武汉市政府办公厅督查室、研究室、发展改革委员会、财政局、经济和信息化委员会、科技局、国土规划局、洪山区政府、东湖开发区管理委员会、东湖风景区管理委员会、公安消防局等部门负责人参加调研。

鄂州市委书记李兵一行来校调研

2016年2月25日下午,鄂州市委书记李兵,市委常委、市委秘书长熊明新,市委常委、统战部部长、葛店开发区工委书记陈昌宏一行9人来校调研。校领导郝翔、朱勤文、赖旭龙、王华,相关职能部门、学院负责人参加座谈会。

校党委副书记朱勤文对李兵一行表示热烈欢迎。她说,学校在鄂州市挂职科技副县长已有10余年,双方关系源远流长,希望双方在更广泛领域加强合作与交流,共促发展。

副校长王华以《励精图治谋发展 强化特色创一流》为题,详细介绍了学校基本情况。

鄂州市委书记李兵希望,学校充分发挥在人才培养、科学研究、社会服务等方面的优势,在高新科技产业、金刚石等老企业改造等方面为鄂州市提供更多支持。他表示,鄂州市将一如既往地支持学校的建设和发展,全力以赴为学校新校区的建设和发展提供条件。

与会人员围绕具体事宜进行了深入交流。经双方讨论后达成一致意见,双方将尽快研究出具体合作方案,成立专班,扎实推进市校合作。

郝翔书记讲话。他说,长期以来,学校与鄂州市保持了良好的合作关系,在学校建设发展中得到了鄂州市委、市政府的有力支持和帮助,双方合作取得很大进展。他表示,学校将一如既往地关注和支持鄂州市的建设与发展,希望双方抓住新校区建设的契机,进一步深化在人才交流与培养、产学研等方面的联系和合作,积极探索有效合作的新体制和新机制,推动双方实现合作共赢、共同发展。

国家科技基础条件平台中心主任叶玉江一行调研地质过程与矿产资源国家重点实验室

2016 年 9 月 26 日,国家科技基础平台中心(简称"中心")主任叶玉江一行,实地调研地质过程与矿产资源国家重点实验室。校党委书记郝翔,副校长万清祥,相关部门、学院负责人,重点实验室负责人及相关专家参加调研并座谈。

座谈会由万清祥主持。

郝翔致欢迎词。他介绍了学校近年来在走内涵式发展中逐步提高办学质量和办学水平方面的主要思路、举措和取得的主要成果,对国家科技基础条件平台中心长期以来对学校建设发展给予的关心支持表示感谢。他说,地质过程与矿产资源国家重点实验室在学校科学研究和人才培养方面发挥了重要的支撑作用,在 2015 年国家重点实验室评估中获得优秀成绩。未来两三年,实验室将入驻新校区,希望在国家科技基础平台中心的支持下得到更大的发展,取得更多成果。

地质过程与矿产资源国家重点实验室副主任赵来时从实验室基本情况、研究水平与贡献、队伍建设与人才培养、开放交流与运行管理 4 个方面汇报了实验室近年来的工作。

与会人员围绕国家重点实验室建设、大型仪器开放共享、大型仪器设备申购等方面进行了座谈。

叶玉江说,目前国家对科研仪器的自主研发高度重视,地质过程与矿产资源国家重点实验室在科研装置研制、新技术开发创新方面取得了不少具有影响力的成果,大型科研仪器开放共享程度高,测试水平得到国际认可。他希望实验室能进一步将科研仪器自主研发提升到更高的水平,为科学研究提供更有力的支撑。

会后,叶玉江一行还考察了国家重点实验室的高温高压实验室、大型磁质谱仪(NU1700)实验室、激光剥蚀-电感耦合等离子体质谱仪实验室,以及未来城新校区地矿国重大楼,与科研人员、新校区建设人员进行了充分交流。

李金发来校调研

2016 年 9 月 30 日上午,中国地质调查局(简称"中国地调局")党组成员、副局长李金发来学校调研并指导工作。中国地调局总工程师室规划处处长任收麦、资源评价部能源处处长汪大明,武汉地质调查中心主任姚华舟随行。

在校长王焰新等陪同下,李金发一行现场考察了学校图书馆、生物地质与环境地质国家重点实验室、北大门前广场、游泳馆、地质过程与矿产资源国家重点实验室。

双方举行局校合作座谈会。会议由万清祥副校长主持,学校相关职能部门和学院主要负责人参与座谈。王焰新以《强化办学优势 服务国土行业发展》为题,介绍了学校近期发展情况,汇报了学校有关地调工作开展情况,并就局校合作提出意见和建议。与会人员纷纷从科研工作、地调工作、产学研合作、学科建设、人才培养等方面进行了充分的沟通。

调研现场

李金发高度评价学校近年来主动服务国土资源行业发展,积极参与地调工作取得的成绩。他介绍了中国地调局近期工作的着力点、相关政策改革等情况,希望学校准确把握新形势、新任务,遵循地质工作规律,发挥优势,精准定位、乘势而上,为地质事业的发展再立新功。

教育部审计组来学校开展校长任期经济责任审计工作

2016 年 10 月 9 日,校长任期经济责任审计进点会在八角楼召开。教育部财务司副司长郭鹏,教育部财务司审计处处长魏秦歌,审计组组长、教育部财务司审计处倪维宇,审计组副组长、华中师范大学审计处许静娴,项目主审、兴中海会计师事务所会计师赫春燕等,在校校领导,各二级单位党政主要负责人参加会议。

副校长赖旭龙主持会议。

魏秦歌宣读了《审计通知书》,介绍了审计流程和此次审计工作的主要内容、重点内容和工作程序。郭鹏简要介绍了校长任期经济责任审计工作的重要意义,并对做好此次校长任期经济责任审计工作,分别给学校和审计组提出了明确要求。

校长王焰新回顾了 2010 年 12 月担任校长以来学校事业发展和经济活动的相关情况,尤其是学校在人才培养、科学研究、社会服务等方面取得的新进展,汇报了本人履行党风廉政建设和遵守有关法律法规、财经纪律的有关情况。他表示,将根据审计组的各

经济责任审计进点会现场

项要求，认真配合审计组的各项工作，确保此次审计工作高质量地完成。

校党委书记郝翔表示，开展对学校的经济责任审计，对于学校深入贯彻党要管党、从严治党的要求，推进依法治校，加强财经管理，提升办学效益和办学质量等工作，都具有重要的意义。学校各单位将深化认识、高度重视，严格按照审计组的工作安排和要求，积极配合审计组做好此次经济责任审计工作，对于审计发现的问题，一件一件地抓，一项一项地改，确保全部整改到位。

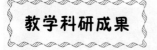

教学科研成果

谢树成教授团队完成的"973"项目顺利通过验收

2016年1月3日，历时近5年，由学校谢树成教授作为首席科学家完成的国家"973"计划重要科学前沿领域项目——"若干重大地质环境突变的地球生物学过程"顺利通过验收。

该项目以动物和地质微生物功能群为抓手，以重大地质环境突变为切入重点，围绕生物与地质环境的相互作用和协同演化这一主题，通过现代过程与地质过程的结合、地球科学与生命科学的交叉，探索不同生物对地质环境的响应和影响，解决地球科学领域的若干重大科学问题，为全球环境变化的预测提供地质学依据和方法。

在生物与环境相互作用方面，项目成员提出了示踪旱灾、洪灾等古水文事件的4个微生物新指标，提出了定量计算古温度变化的2个微生物新指标，实现古水文与古温度信号的分离，解决了全球变化的一大科学难题；命名了一个新的古菌门——深古菌门，发现嗜盐古菌能够形成白云石，提出了分子机制；发现微生物可以合成一些地下高温环境才能形成的矿物，提出了微生物与地质温压等效性作用的新理论。在生物与环境协同演化方面，项目成员发现大气含氧量在第一次成氧事件之后的中元古代又出现了降低，导致了真核生物的缓慢演化；在新元古代发现了多个甲烷释放的碳酸盐碳同位素证据和其他的矿物学记录，可能导致了雪球地球的结束和随后的生命大爆发；定量构建了二叠纪—三叠纪之交及其后近5Ma赤道低纬度地区的高精度古海水温度变化曲线和古氧相曲线，提出了高温及其触发的海洋缺氧等地内因素是古、中生代之交生物大灭绝及其后迟缓复苏的主要原因，提出了这一时期生物避难带的理论。

项目的实施极大推动了我国地球生物学这一新学科的发展。项目的研究成果：发表 SCI 论文 260 篇，在国际上组织了 8 个期刊的论文专辑。其中，以第一责任作者发表的 *Nature Index* 期刊论文 14 篇，包括第一作者身份的《科学》和《自然》子刊论文 4 篇、《地质学》论文 6 篇和 EPSL 论文 4 篇。新增两人获得"国家杰出青年科学基金"的资助，1 位"长江学者特聘教授"，1 位"万人计划"入选者，在国际学术组织任职 7 人。研究成果被列为年度中国科学十大进展和中国高校十大科技进展，多次被《科学》《自然地球科学》等权威刊物专门撰文正面评述。

唐辉明教授团队完成的"973"项目顺利通过验收

2016 年 1 月 3 日，由学校唐辉明教授作为首席科学家完成的国家"973"计划工程与制造领域项目——"重大工程灾变滑坡演化与控制的基础研究"顺利通过验收。

该项目针对滑坡控制中与演化过程脱节的瓶颈问题，系统开展基于演化过程的滑坡控制理论研究。在基于演化过程的重大工程灾变滑坡控制理论、滑坡多场信息监测系统、滑坡—防治结构体系相互作用机理和滑坡地质灾害防控现场示范等方面取得了重要的创新性研究成果。该项目提出了滑坡演化孕灾模式，滑坡多场多传感器监测系统、基于相互作用的滑坡优化设计方法，发展基于演化过程的重大工程灾变滑坡控制理论。

该项目系统开展了凉水井滑坡、白水河滑坡、马家沟滑坡、黄土坡滑坡、大奔流边坡稳定性预测预警，为保障人民生命财产安全发挥了重要作用；系统开展了朱家店滑坡、宝塔滑坡、万塘滑坡、盐关滑坡、巴东系列高边坡的治理工程设计，大幅度降低了工程费用，保证了滑坡体稳定性，取得了显著的社会经济效益。项目获国家科技进步二等奖 2 项、省部级一等奖 5 项；发表 SCI 论文 189 篇，部分成果发表在《工程地质》《滑坡》和《国际岩石力学与采矿科学学报》等国际重要期刊上；授权国家发明专利 46 项；主持编写了滑坡地质灾害核心行业规范 4 部；主持完成了国务院三峡工程建设委员会委托的《三峡库区地质灾害总结性研究报告》和中国工程院三峡工程第三方独立评估的《三峡库区巴东新城黄土坡特大滑坡形成机理及防控研究报告》。

学校再次入选 ESI "中国高被引论文"百强高校

2016 年 1 月 20 日，中国大学网公布了 2016 年 ESI "中国高被引论文"百强高校，学校再次入选，排名从 2015 年的第 36 位上升至第 31 位，"高被引论文"从 2015 年的 156 篇增至 223 篇。

该百强榜根据 Scopus 提供的数据进行统计排名，文献类型仅限于研究论文和综述，论文发表时间为 2010—2014 年，被引用次数统计截至 2015 年 11 月。在过去的 5 年中，发表过 ESI "高被引论文"的中国高校由 456 所升至 491 所，"高被引论文"数已达 23 337 篇，相比上年增长 4 185 篇。

ESI"高被引论文"指标是体现大学国际学术水平和影响力的重要标志。2016年ESI"中国高被引论文"百强高校前3名依然为清华大学、北京大学和浙江大学。

学校入选科技部"创新人才培养示范基地"

2016年4月10日，中华人民共和国科学技术部（简称"科技部"）公布了2015年"创新人才推进计划"入选名单，学校以地质过程与矿产资源国家重点实验室为依托，申报并成功入选"创新人才培养示范基地"。

"创新人才培养示范基地"是以高等学校、科研院所和科技园区为依托，营造培养科技创新人才的政策环境，突破人才培养体制机制难点，形成各具特色的人才培养模式，打造人才培养政策、体制机制"先行先试"的人才特区。它是科技部"创新人才推进计划"的重要组成部分。

"创新人才推进计划"是科技部从2011年开始组织实施的国家高层次创新人才培养培育计划，由中青年科技创新领军人才、科技创新创业人才、重点领域创新团队、创新人才培养示范基地4项内容构成。本次全国共产生了34个"创新人才培养示范基地"。

"地貌学及第四纪地质学科学传播专家团队"获批"全国科学传播专家团队"

2016年4月16日，从中国科学技术协会2016年科普工作会上获悉，学校"地貌学及第四纪地质学科学传播专家团队"获批"全国科学传播专家团队"，该团队首席专家李长安教授被聘为"全国第四纪地质学学科首席科学传播专家"。

"地貌学及第四纪地质学科学传播专家团队"以李长安教授为首席专家，以徐世球教授、方浩副教授为副团长，并集合了学校地球科学、交互设计学、传播学等专业的研究人员，致力于多种形态的地球科学科普内容创作和产品设计，为进一步普及地学知识、提高公众的科学素养做出了积极贡献。

据悉，中国科学技术协会将在"十三五"期间加强科学传播专家团队的建设，聘请一批各领域的学科带头人和顶级专家加入到科普传播团队之中，倡导并鼓励科学传播专家团队发挥自身的专业优势，围绕学科前沿科技进展和基本科技常识，面向社会开展科普创作和传播。

学校专利申请量突破500件

学校2015年专利申请量与专利质量大幅提升，专利申请量突破500件，达508件，同比增长50%。其中，发明专利申请量达到320件，同比增长48%。

计算机软件著作权申请量较去年也有大幅增加,达到 115 件,同比增长 55.4%。

自知识产权与技术转移中心成立以来,学校广泛开展各类知识产权保护宣传及培训工作,修订了《中国地质大学(武汉)知识产权与技术转移管理办法(试行)》,从政策上调动了学校师生报专利、转化专利的积极性。

教师最新科研成果
亮相国际著名学术期刊《先进功能材料》

如何实现固体氧化物燃料电池的商业化应用? 2016 年 3 月 1 日,学校材料与化学学院吴艳副教授与湖北大学朱斌教授等合作,研发出成本低廉的电池材料——褐铁矿,为天然矿物在先进能源应用提供了一种新途径。其研究成果在国际功能材料领域著名学术期刊《先进功能材料》上发表。

固体氧化物燃料电池是一种高效和环境友好型的能源转换技术,其商业化应用一直是研究者们追求的目标。然而,由于成本太高,其商业化应用至今尚未实现。吴艳、朱斌课题组针对这一挑战,对天然矿物进行了大量的筛选和深入细致的研究,发现并开发了高品位的莱芜褐铁矿,获得了与人工合成电池材料相媲美的性能。

据吴艳介绍,作为一种新型的固体电池材料,褐铁矿在成本、性能上更具优势。目前市场价为 80 \$/t,而传统固体氧化物燃料二氧化锆市场价约为 100 \$/kg。同时,褐铁矿作为一种新型电解质材料,所组装的固体氧化物燃料电池具有较高的功率输出。

《先进功能材料》创刊于 2001 年,由德国 Wiley – VCH 出版社出版,当前影响因子为 11.805。吴艳的论文为学校教师首次在该期刊发表的论文,该论文作为亮点研究成果被 Materials View China 报道。Materials View China 是 Wiley 出版集团在中国的门户网站,主要报道近期在 Wiley 旗舰刊物上发表的重要科研成果。

宋海军入选"长江学者奖励计划"青年学者项目

2016 年 4 月 23 日,教育部 2015 年度"长江学者奖励计划"入选名单正式公布,学校地球科学学院宋海军副教授入选青年学者项目。

宋海军生于 1983 年 2 月,2012 年 7 月来校工作,他一直致力于重大地质突变期的地球生物学过程研究,曾荣获教育部自然科学一等奖、国土资源部杰出青年科技人才、中国古生物学会青年古生物学奖,自 2006 年以来共发表论文 40 篇,其中 SCI 收录 30 篇,他引 202 次,2 篇论文入选 ESI 全球"高被引论文"。论文大都发表在《自然地球科学》等国际顶级期刊上,相关论文被《科学》《国家科学评论》专刊正面评述。近 5 年主持"国家自然科学基金"青年科学基金项目 1 项,参与国家自然科学基金重点项目 1 项。

"长江学者奖励计划"由教育部和李嘉诚基金会共同启动实施,旨在落实科教兴国战略,延揽海内外中青年学界精英,培养造就高水平学科带头人,带动国家重点建设学科赶超或保持国际先进水平。2014 年及以前，该计划在高等学校设置特聘教授、讲座教授两类岗位，2015 年新增青年学者岗位。2015 年度共聘任特聘教授 152 人、讲座教授 49 人、青年学者 211 人。

截至目前，学校"长江学者奖励计划"各类项目入选者增至 18 人。其中，特聘教授 12 人、讲座教授 5 人、青年学者 1 人。

学校成秋明教授当选国际地质科学联合会（IUGS）主席

2016 年 9 月 1 日，从南非开普敦召开的第 35 届国际地质大会（IGC）上传回佳讯，学校成秋明教授当选国际地质科学联合会（IUGS）新任主席。

国际地质科学联合会是国际地质科学领域最权威的非政府性学术组织，于 1961 年 3 月在巴黎成立，现拥有 121 个会员国。我国在 1976 年就正式加入国际地质科学联合会。

成秋明教授在第 35 届国际地质大会（IGC）上
发表竞选演讲

国际地质科学联合会的宗旨是鼓励和促进对地球和其他星球基本特性的研究，促进对地球及其他扩展领域的了解；为地质研究开展国际间以及各学科之间的合作，建立地质学专用术语及单位的标准；加强地质科学的普及工作，在最广泛的范围内开展地质学教育，以了解地质学领域所面临的问题。

成秋明教授，男，生于 1960 年 3 月，现任中国地质大学"地质过程与矿产资源"国家重点实验室主任。1994 年获加拿大渥太华大学地学博士学位，1994—1995 年在加拿大能源部作博士后研究，1995 年任加拿大约克大学助理教授，2002 年破格晋升为教授，并入选"长江学者特聘教授"，2005 年获得"国家杰出青年基金"，2008 年获得国际数学地球科学协会（IAMG）最高奖——克伦宾奖章，2011 年入选中共中央组织部（简称"中组部"）"千人计划"国家特聘专家，2012—2016 年担任国际数学地球科学协会（IAMG）主席，2013 年获得国家科技进步二等奖。成秋明教授长期以来在多重分形非线性理论与矿产资源定量预测领域中取得了系统的创造性研究成果，建立了非线性矿产资源预测理论和方法体系，在科研和人才培养方面做出了突出贡献。

145 个项目获"国家自然科学基金"资助

2016 年 9 月，国家自然科学基金委员会公布了 2016 年度"国家自然科学基金"申请项目评审结果,学校145个项目获得资助,资助总量与2015年持平。资助项目中,重点项目3项、优秀青年基金项目2项、面上项目73项、青年科学基金项目66项、联合基金1项。

环境学院马腾教授、工程学院胡新丽教授和地球物理与空间信息学院胡祥云教授获得重点项目资助,地球科学学院宋海军教授和地球物理与空间信息学院罗银河教授获得"优秀青年科学基金"项目资助。

石良教授的研讨成果在顶尖杂志上发表

2016年9月,湖北省"百人计划"、环境学院生物系教授石良关于微生物－矿物胞外电子传导研讨成果在 *Nature Reviews Microbiology* 上发表。

这篇综述性研讨会成果,系统总结了微生物与矿物电子交互作用机制,重点阐述了微生物代谢作用所需能量来源及其胞外电子转移的基本科学问题。具有跨膜电子转移功能的微生物不仅在生物成矿、污染物转化、碳氮循环等生物地球化学过程中起着重要的作用,而且可用于污染物的生物修复,低品位贵金属(铜、金等)的提取,生产电、氢气和生物燃料,室温合成新型的纳米材料和防治钢锈蚀。

电子如何穿过不导电的细胞膜套,在微生物胞内物质和胞外矿物之间进行传导一直是地质微生物学、生物地球化学和多个基础学科以及应用科学研究的焦点和热点。这篇综述论文详细总结了微生物-矿物电子交流的主要方式,概括了现阶段针对不同种环境微生物建立的多种跨膜电子传导通道和传导模型,阐述了微生物与胞外矿物或不同种微生物之间电子传递的分子机制,即微生物膜、纳米线、脱氢酶集合体、蛋白质复合体、细胞色素c蛋白和胞外电子传导通道等。并在此基础上讨论了微生物胞外电子传导特性在生物技术领域的应用以及未来的研究方向,为进一步开展微生物-矿物胞外电子传导的前沿交叉学科研究奠定了坚实基础。

据了解,2015年3月,"中美矿物-微生物胞外电子转移及能量来源论坛"在北京大学举办,近20位美国著名专家和40余位中国专家学者参加了此次论坛。经过一年多的努力,由该论坛主要组织者——学校石良教授(第一作者兼共同通讯作者)、中国地质大学(北京)董海良教授、北京大学鲁安怀教授和刘娟研究员、中国科技大学俞汉青教授和美方多位组织者共同完成的"微生物与矿物之间胞外电子传递机制"研讨成果,以综述性论文形式发表在 *Nature Reviews Microbiology* 上。

Nature Reviews Microbiology 是 *Nature* 旗下权威期刊,也是目前世界公认的微生物研究领域最顶尖的综述杂志,该杂志2016年公布的影响因子达到24.727。

吴元保教授获"国家杰出青年科学基金"资助

2016年10月20日,国家自然科学基金委员会公布了2016年度"国家杰出青年科学基金"申请项目评审结果,学校吴元保教授获得资助。

吴元保教授于 2006 年到学校地球科学学院任教至今，主要从事变质岩石学、岩石地球化学及同位素年代学等方面的研究，在锆石成因矿物学、秦岭—大别造山带多阶段拼合历史以及扬子板块早期演化等方面取得了突出的创新性研究成果。曾获 2006 年度"教育部新世纪优秀人才计划"资助、2008 年度中国矿物岩石地球化学学会"侯德封奖"和 2010 年度中国地质学会"银锤奖"，连续 3 年（2014—2016 年）入选汤森路透全球"高被引科学家"，2015 年入选"爱思唯尔全球高被引科学家"。

"国家杰出青年科学基金"项目支持在基础研究方面已取得突出成绩的青年学者自主选择研究方向开展创新研究，促进青年科学技术人才的成长，吸引海外人才，培养造就一批进入世界科技前沿的优秀学术带头人。2016 年国家自然科学基金委员会资助"国家杰出青年科学基金"项目 198 项。

赖旭龙当选国际牙形石学会主席

2016 年 12 月 8 日获悉，学校地球科学学院赖旭龙教授就任国际牙形石学会——潘德尔学会新一任主席。

牙形石是一类重要的微体化石门类，广泛存在于寒武纪—三叠纪海相地层之中，在海相地层划分和对比、重大地质界线的确定、生物演化、环境与气候变化、烃源岩成熟度等研究方面发挥了独特的作用。

国际牙形石学会成立于 1967 年，是一个非官方国际学术组织，为纪念牙形石的首次发现者潘德尔博士而起名为潘德尔学会。该学会为了促进国际牙形石同行的学术交流，每年编制年度学会通讯，组织 4 年一次的国际牙形石会议，由主席指定的遴选委员负责不定期遴选"潘德尔奖章"和"欣德尔奖章"的获奖者，以分别表彰在牙形石研究领域做出突出贡献的资深会员以及年龄在 35 岁以下的优秀青年牙形石工作者。

国际牙形石学会主席是由专门的遴选小组根据同行提名遴选出来，该学会成立 50 年以来，前 7 任主席均为欧美国家著名牙形石研究学者。

对外交流与社会合作

学校参加首批"来华留学质量认证"签约仪式

2016年3月9日,国家首批来华留学质量认证签约仪式在北京举行。学校副校长郝芳代表学校在协议上签字。

培养"素质一流、对我友好"的来华留学生,提升来华留学培养质量是学校国际化教育的核心任务,是学校服务国家"一带一路"建设的重要抓手,也是树立良好国际声誉、打造卓越国际化教育品牌、传播优秀中华文化的关键途径。此次认证,对深化学校来华留学生教育改革,提升教育教学质量,推动规范科学管理,解决制约留学生培养质量的体制机制障碍,调动学院和教师积极投身来华留学教育事业具有重大现实意义和积极作用。

为促进来华留学教育事业健康有序发展,建立健全来华留学质量保障体系,受教育部委托,中国教育国际交流协会秘书处作为第三方评估机构启动了"来华留学质量认证试点工作"。此次认证工作将按照"高等学校来华留学质量认证工作办法""高等学校来华留学质量认证指标体系"和有关程序进行。首批质量认证试点邀请了国内包括北京大学、复旦大学、天津大学等28所在来华留学工作中取得突出成绩和在中国政府奖学金对来华留学生培养中起到重要作用的高校参加。

国际专家研讨"高校学生事务管理与评估"

2016年5月28日—29日,2016年"高校学生事务管理与评估"国际学术研讨会在学校迎宾楼报告厅举行。中国高等教育学会会长瞿振元、秘书长王小梅,来自美国、英国、韩国、马来西亚、泰国、菲律宾等国家以及我国的150余名专家学者齐聚学校,研讨学生事务管理事宜。

研讨会由湖北省高校人文社科重点研究基地——大学生发展与创新教育研究中心主任丁振国主持。

校党委书记郝翔致欢迎词。他说,高校学生事务管理质量与评估是高等教育领域重要的研究课题。此次会议的召开,体现了国内外学界和实践者对提高学生事务管理质量、促进学生发展的共同关注,具有重要的理论和现实意义。他希望,通过这次会议,能够增进对学生事务管理质量

国际学术研讨会现场

的理解,开启通过科学的评估标准和评估手段,提高学校学生事务管理质量的新篇章。

围绕大学生发展和高校学生事务管理研究两个方面,瞿振元会长作了发言。

围绕大会主题，26 位专家学者作了大会交流。美国学生人事管理者协会副主席 Parnell、重庆邮电大学党委副书记游敏惠、亚太学生事务协会（APSSA）学生事务研究所主任、菲律宾学生事务管理者协会主席 Diongon - Bonnet、东北师范大学社会科学处处长王占仁、学校党委副书记傅安洲等作了专题报告。英国伍斯特大学国际伙伴关系主任 Bell 博士等 10 位专家作了重点发言。教育部（国家）教育发展研究中心高教室主任马陆亭等 11 位学者作了大会交流发言。

校高等教育研究所（简称"高教所"）所长储祖旺教授作大会总结。他说，此次参会人数、国别和论文数都超过了前 3 届，高级研修班的实践性交流对今后的理论研究具有指导作用。

此前，69 名学员参加了"高校学生事务标准与评估"高级研修班为期一天的学习，并获得研修证书。围绕高校学生事务标准与评估，美国学生人事管理者协会副主席 Amelia R. Parnell 教授，学校发展规划处处长、高教所所长储祖旺，华中科技大学教育科学研究院院校研究所副所长陈敏，学校学生工作处处长王林清，党委统战部部长唐勤进行了深入的汇报和讲解。

此次学术研讨会由学校主办，高等教育研究所、湖北省高校人文社科重点研究基地——大学生发展与创新教育研究中心共同承办，会议共收到学术论文 100 余篇，论文和报告经修改编辑后将结集公开出版。

国内外专家交流月球和深空探测最新成果

2016 年 6 月，由学校和澳门科技大学联合举办的第三届"月球与行星科学国际研讨会"召开。来自美国、日本、法国、意大利、韩国、中国、中国香港和中国澳门等国家和地区的 180 多位行星科学家及青年学生共聚一堂，交流近年来月球和深空探测的最新成果。

中国科学院院士、著名行星科学家欧阳自远先生主持会议开幕式。

副校长郝芳、澳门科技大学副校长彭树成代表会议主办单位分别向与会代表致欢迎词。

在为期两天的会议中，与会的专家学者进行了 8 个专题的 50 个大会报告和 30 个展板报告。内容包括月球岩石、月球表面地质过程、月球内部结构、行星大气和空间物理、火星

第三届"月球与行星科学国际研讨会"现场

上的水、火星表面地质特征、行星矿物岩石学和地球化学及小行星探测等。

国际著名行星科学家、美国布朗大学地球、环境与行星科学系荣誉教授 James W. Head III 致闭幕词，高度评价了本次国际研讨会。

据悉，下一届"月球与行星科学国际研讨会"将于 2018 年在澳门举办。

国内外100余名专家研讨地质流体最新进展

2016年6月23日—25日，由学校主办的第八届国际地质流体大会在武汉召开。来自中国、法国、荷兰、俄罗斯、西班牙、澳大利亚、加拿大、巴基斯坦8个国家100余名专家、青年学者参加。

中国科学院院士、副校长郝芳致辞。他说，本次会议聚焦不仅包括水、油、气等多种"流体"，还包括沉积盆地中金属—烃类的相互作用，使得过去两个独立的专业——金属矿床和石油可以较好地融合到一起，成为新的学科生长点，对于含烃类流体沉积盆地中油气田勘探开发及寻找新的金属矿藏具有重要的经济意义。他希望，通过本次会议搭建相关学科不同领域之间的桥梁，促进不同学科

第八届国际地质流体大会现场

的交流与碰撞，启发新的灵感，为促进地质流体发展提供新的思路和技术支撑。

本届会议聚焦"烃类流体的产生、运移和聚集""矿化流体系统及成因""地下水系统及其相互作用""大地构造作用中的地壳流体和地幔流体""数值模拟的新进展""实验地球化学和模拟""地质流体研究中的分析方法"等前沿主题，通过口头报告和展板两种方式进行，先后共安排10个特邀发言、30个大会发言、65个展板，评选出5个"青年学生最佳展板奖"。

会后，11位外国专家赴宜昌三峡地区进行为期3天的野外地质考察。

国际著名化学家戴宏杰教授来校进行学术交流

2016年9月20日下午，应校长王焰新的邀请，国际著名化学家，美国科学院、艺术与科学院两院院士，美国斯坦福大学化学系戴宏杰教授来学校进行学术交流，并作了学术报告。副校长万清祥、湖北省科学技术协会（简称"湖北省科协"）副巡视员王东风、材料与化学学院师生聆听了此次报告会。

报告会上，戴宏杰教授以《材料科学与产业发展》为题，与大家分享了他和科研团队的最新研究工作进展。他以穿透小白鼠颅骨的光线成像实验为例，介绍了纳米技术在医学中的应用实例，并对纳米科学在临床医学中的转化前景作了展望。在他的展示下，只见原本模糊的图像，在使用了纳米技术后能清晰地看到小白鼠颅内的皮肤和每一根血管的分布，令人赞叹不已。

戴宏杰教授作报告　　　　　　　　　　戴宏杰教授（右三）参观可持续能源实验室

报告结束后，戴宏杰与师生进行了热情交流，并回答了相关提问。

戴宏杰教授长期从事碳纳米材料的生长合成、物理性质研究、纳米电子器件研发，以及纳米生物医学、能源材料等方面的研究，被认为是国际碳纳米材料研究领域的领军人物之一。他先后获得"裴利斯史普林格应用物理奖""美国化学协会纯化学奖""美国物理协会新材料奖""美国材料协会中年成就奖"。2011年，英国汤森路透集团评选的2000—2010年全球顶尖100名化学家中，他名列第七，华人排名第一。

学校成为中国内地高校首个NASPA会员单位

2016年10月获悉，学校高等教育研究所正式获批成为美国学生人事管理者协会（简称"NASPA"）会员单位。

2016年5月，在学校举办的第四届学生事务管理国际学术会议上，高等教育研究所储祖旺教授带领学生事务管理研究团队与美国学生人事管理者协会副主席Parnell教授进行了深入交流。7月，学校正式向NASPA提交入会申请，通过资格审核。9月，学校获批成为NASA会员单位，拥有决策表决、合作研究、参会、免费阅读期刊、咨询等多项权力。

美国学生人事管理者协会是全美高校学生事务领域最大的综合性专业协会，会员来自美国和全球25个国家约2 100个高等教育组织、机构，多达15 000人。NASPA坚持完整性、创新性、包容性和实践性四大原则，通过高质量的专业发展、强有力的政策支持以及实证研究为高校学生事务管理实践工作提供支持。

据悉，学校是中国内地第一个加入美国学生人事管理者协会组织的高校。

竺可桢—南森国际研究中心夏季讲习班在校举办

2016 年 10 月 10 日—14 日,第七届竺可桢—南森国际研究中心(简称"NZC")夏季讲习班在学校举行。来自中国地质大学、中国科学院大气物理研究所、挪威南森环境与遥感中心、卑尔根大学等单位的 120 多名科学家和研究生参加了此次讲习班。

讲习班全体成员合影

副校长万清祥代表学校对来自大气科学领域的专家和同学们表示热烈欢迎,并简要介绍了学校的基本情况及大气学科的发展历程。

NZC 理事会联合主席王会军院士为讲习班作开幕讲座。他结合自身的科研经历,为研究生们讲述了如何作科研,如何面对科研生活中遇到的问题。

NZC 联合主任郜永祺研究员回顾了 NZC 讲习班的发展历程,鼓励同学们在讲习班中学到知识,收获友谊。

开幕讲座现场

围绕"气候遥相关与预测"主题,来自中国和挪威的 18 位科学家就气候变化对雾霾的影响、东亚季风的年代际变化、南北半球环流的联系、古季风气候、北极涛动和北极海冰的气候效应、年代际气候变率、气候可预报性及气候预测等方面开展了内容丰富的专题报告,21 名青年科学家和学生作了研究汇报。

据悉,NZC 夏季讲习班起始于 2004 年,每两年分别在中国和欧洲轮流举办一次,其目的是打造大气科学研究领域的国际交流平台和青年学者与研究生的培养平台。

学校与瑞士苏黎世联邦理工学院签署合作备忘录

2016 年 11 月,学校校长王焰新与瑞士苏黎世联邦理工学院(ETH)校长力诺·顾哲拉签署合作备忘录。

根据合作备忘录,双方同意重点在深部地热能源和氢能领域开展合作,建立科研信息互换、研究生联合培养与交换、科研项目合作和双方研究人员互访等机制。双方商定,逐步推进可持续能源领域合作平台建设,以加强双方在该领域基础研究、高新技术研发、人才培养和成果转化方面的合作。

瑞士苏黎世联邦理工学院是世界顶尖理工大学之一,享有"欧洲大陆第一理工大学"的美誉。该校创立于 1855 年,教研领域涵盖建筑、工程学、数学、自然科学、社会科学和管理科学,已诞生了包括爱因斯坦在内的 30 位诺贝尔奖得主。该校还是国际研究型大学联盟、IDEA 联盟[①]等国际高校合作组织的成员。2015 年 QS 世界大学排名为第十六名[②],ETH 跻身世界大学排名前 10。

学校与西班牙高等科学研究理事会、萨拉戈萨大学和阿拉贡材料研究所签署合作协议

2016 年 11 月,学校校长王焰新与西班牙高等科学研究理事会主席埃米利奥·奥孔、萨拉戈萨大学校长约瑟·安东里奥·穆里洛和阿拉贡材料研究所所长哈维尔·坎波签署合作协议。

根据合作协议,双方将在教员和学生的交流、联合开发和承担科研项目、合作开发研究生课程、博士生联合培养、技术转移与产业化等方面开展合作。

西班牙高等科学研究理事会是西班牙最大的多学科的国立科研组织,隶属西班牙经济与竞争力部领导,下属有 122 个研究所(中心),在生物学与生物医学、材料科学与技术、化学科学与技术、物理科学与技术、环境科学与技术等领域居国际先进水平。

萨拉戈萨大学成立于 1542 年,是一所拥有近 500 年历史的著名公立大学,是西班牙教育部直属的 9 所重点大学之一,拥有的科研专利数量居西班牙高校第二位。萨拉戈萨大学是世界 500 强大学,其中化学专业全球排名前 100 位,自然科学、工程学名列西班牙大学前茅。

阿拉贡材料研究所成立于 1985 年,是由西班牙高等科学研究理事会与萨拉戈萨大学共同成立的研究机构,聚焦功能有机材料、能源应用与激光加工材料、磁性材料、生物应用材料、材料科学的理论与模拟五大板块的研发。

---

①IDEA 联盟是欧洲顶尖理工类大学的战略联盟,旨在重建欧洲在科学与技术领域的领袖地位。
②QS 世界大学排名是由教育组织 Quacquarelli Symonds 所发表的年度世界大学排名。

学校国际学生参加"感知中国·首都行"活动

2016 年 11 月 2 日—5 日,中国政府奖学金学生社会实践与文化体验主题活动 2016 "感知中国·首都行"在京举行,学校 5 名优秀国际学生代表赴京参加了此次活动。

此次活动得到中央领导的高度重视,全国政协办公厅研究室理论局局长薛奋飞亲切会见了全体国际学生,并作了《中国政治体制和政协职能》的专题报告。会谈期间,同学们就中国政治体制、政治协商制度等有关问题积极提问,场面热烈而活跃。国际学生代表还参观了政协文史馆、鸟巢、水立方、故宫博物院、北京航空航天大学博物馆、华为科技有限公司、方正集团等,从多个角度和层面更好地了解中国的政治体制、文化、历史,感受中国的科技水平和中国企业的发展潜力。

活动全体成员合影

在北京航空航天大学活动中心,学生们共同举办了一场精彩的联谊晚会,由中国地质大学学生表演的节目"大王叫我来巡山"赢得了满场的欢呼与喝彩。活动结束后,国家留学基金委对活动进行了总结,基金委王胜刚副秘书长及来华部领导一同出席。同学们对这两天的活动体验进行了总结和交流,学校国际学生代表踊跃发言,还表演了中国歌曲,来华部陈琳主任表扬地大学子多才多艺,素质优良。

本次活动共有来自全国 19 所高校、53 个国家的 100 名优秀中国政府奖学金来华留学生参与。在短短 4 天活动中,外国留学生们从政治、经济、文化等角度多方位了解了中国,近距离感受了中华民族的文化魅力,感受了当代中国经济社会发展取得的卓越成就,提升了对中国的认知与认同感。

公共管理学院举行中巴经济走廊考察交流暨巴基斯坦 GC 大学短期访学经验交流会

2016 年 12 月 23 日上午,公共管理学院在北二楼 B209 学术报告厅举行中巴经济走廊考察交流暨巴基斯坦 GC 大学短期访学汇报,展现对外交流学生在各方面的学习成果,加深同学们对交流生选拔条件、对未来学习规划的认识。

学院党委书记张吉军、党委副书记胡文勤、副教授谢小青以及访学学生代表陈万旭、张洁等 20 余人参加了交流会。

交流会共分为学习交流、学术交流、文化交流、生活版块 4 个版块,从各方面展现了此次考察、学习各方面的成果。

在学习交流版块,陈琪曼小组展示了在 GC 大学访学时的课程表,包括学习巴基斯坦文化、英语、经济管理课程,以及任课教师、教室的照片等。我们看到,在任课教室墙面正中央,陈列着巴基斯坦和中国国旗。陈琪曼说,并不是因为我们到来才放上中国国旗,它一直都在那里。在访学期间,授课老师还教授了简单的巴基斯坦当地语言——乌尔都语。

在学术交流版块,陈万旭小组介绍了访学期间参加的国际会议。该会议有来自 27 个国家的 72 位学者参加,主要研讨了关于"一带一路"中巴经济走廊建设以及中亚与南亚内部联通问题。

交流会现场

在文化交流版块,张洁小组以图片形式展示了巴基斯坦特色服装、琳琅满目的手工艺品、样式丰富的布料、文身文化,以及拉合尔古堡的照片,并详细介绍了他们的参观经历。比较有趣的是,在当地马路上,可以看到带有巴基斯坦特色的外卖文化以及带有装饰的卡车。

在生活版块,康力从衣、食、住、行 4 个方面展开讲解。据介绍,当地女生服装较为绚丽多彩,可以选好布料找裁缝量身定做,而男生的衣服则以纯色为主,简单大方。食物方面相对中国来说稍显单调。

汇报结束后,张吉军认为,在校生一定要抓住自己的兴趣点,攻坚克难,才能实现学术上的成功;同时要积极参与对外交流项目,开阔视野,增长见识,提高自身综合素质。

谢小青副教授介绍该项目,并回答了同学们的提问。她提出了掌握英语的重要性,并提醒有参加交流意向的同学提前作好相关准备。

据悉,中巴经济走廊建设联通"丝绸之路经济带"和"21 世纪海上丝绸之路",是贯通南北丝路的

中国学生与巴基斯坦学生交流

关键枢纽,对于加强中巴互联互通,促进两国共同发展具有重要意义。为响应中巴经济走廊建设,2015 年,学校与巴基斯坦政府学院大学签署合作协议。2016 年 11 月,在国际教育学院、研究生院、公共管理学院的共同资助下,在谢小青副教授的带领下,公共管理学院 10 名学生赴巴基斯坦 GC 大学进行短期学习交流。

学校与荆门市人民政府签署《校市合作框架协议》

2015 年 12 月 25 日下午,学校与荆门市人民政府在荆门星球国际大酒店签署《校市合作框架协议》,双方将在产学研用结合、人才培养、科技成果转化、技术咨询与服务等方面开展广泛合作。

签约仪式由荆门市市委常委、市委组织部部长王本举主持。

学校党委书记郝翔,荆门市市委书记别必雄出席签约仪式并讲话。

学校党委书记郝翔与荆门市市长肖菊华分别代表双方签订《校市合作框架协议》。荆门高新区管理委员会主任许道伦与武汉地质资源环境工业技术研究院有限公司董事长郝义国代表双方签订《全面战略合作协议》。

郝翔在讲话中介绍了学校的基本情况后表示,与荆门市签署合作协议,为学校培养新型人才、推动科技创新、加快成果转化搭建了良好的平台,也为学校壮大自身优势、服务地方发展、提升办学水平提供了难得的机遇。下一步,学校将认真履行合作协议,积极主动地与荆门的相关部门和企业搞好对接,增进相互间的了解,促进各个领域的合作,力争取得更加丰硕的成果,助推荆门经济社会发展。

别必雄在讲话中介绍了荆门的历史文化和经济社会发展情况。他说,当前,荆门正深入实施中国农谷建设和柴湖振兴发展两个省级战略,大力培育七大支柱产业,加快建设创新创业的载体和平台。市、校双方具有广阔的合作领域和空间,真诚希望中国地质大学(武汉)与荆门市按照互惠互利的原则,在科技成果转化、人才交流培养等方面加强合作,共建荆门地质资源环境工业技术研究院,使更多的科技成果、项目落户荆门,助推荆门产业转型升级。

学校与中南电力设计院有限公司签署合作协议

2015 年 12 月 29 日,学校与中南电力设计院有限公司签订《共建"电力岩土工程研究中心"合作协议》。中南电力设计院有限公司总工程师王辉一行参加会议,学校副校长唐辉明、相关学院和职能部门参加签约仪式。校友与社会合作处处长兰廷泽主持签约仪式。

唐辉明副校长介绍了学校近年来的发展状况,并对中南电力设计院有限公司王辉一行表示热烈欢迎。王辉总工程师也介绍了中南电力设计院有限公司的状况,并对双方之前的合作给予高度评价,希望双方以此次签约为契机,使双方的合作达到一个新的高度。

双方签署合作协议。根据协议，双方将共建"电力岩土工程研究中心"，致力于共同开展岩土工程勘察、设计、施工、检测与监测技术的开发和研究，以服务于电力及相关工程。

协议签订现场

学校与西宁市人民政府举行合作交流座谈会

2016年3月11日，学校和西宁市人民政府就进一步加强市校合作交流开展座谈。西宁市委常委、市人民政府副市长许国成，市人民政府副秘书长解苏南，西宁经济技术开发区生物科技产业园区管理委员会主任李进良，西宁城市投资管理有限公司副总经理、西宁城通交通建设投资有限公司董事长孙强，学校校长王焰新、副校长王华及相关职能部门负责人等参加座谈会。

王华从学校发展历程、学科建设、人才培养、科学研究、校园建设等方面介绍了学校发展情况。

武汉地质资源环境工业技术研究院院长郝义国介绍了与西宁市共建"西北地质资源环境工业技术研究院"的有关设想。与会人员围绕具体事宜进行了交流。双方一致同

合作交流座谈会现场

意，尽快拿出具体合作协议，成立专班，扎实推进市校合作。

　　许国成讲话。他说，西宁市作为丝绸之路上的重要节点，一直积极与相关高校开展合作交流。中国地质大学（武汉）在地质学、地质资源与地质工程等学科领域具有独特优势，可以在矿产资源、能源开发应用、优化产业结构等方面为西宁市提供更多支持，市校合作发展空间巨大。他表示，西宁市将积极搭建平台，为学校在西北尤其是青藏高原开展人才培养和科学研究提供条件。

　　王焰新讲话。他说，学校在实现建设成为地球科学领域世界一流大学的征途中，必须不断提升服务区域经济社会发展的能力。西宁市在区位和地质资源等方面具有独特优势，与学校长期以来保持了良好的合作关系。他希望，市校进一步深化在人才交流与培养、产学研等方面的联系与合作，积极探索有效合作的新体制和新机制，推动双方实现合作共赢、共同发展。

学校与吐鲁番市签署战略合作协议

　　2016年4月7日，学校与吐鲁番市人民政府签署战略合作协议。吐鲁番市委书记张文全、副市长玉买尔江·买买提，湖北卓越集团董事局主席刘雁飞，校领导郝翔、傅安洲、赖旭龙，双方有关部门负责人参加签约仪式。

　　副校长赖旭龙以《励精图治谋发展　强化特色创一流》为题，介绍了学校发展情况。

　　玉买尔江·买买提与赖旭龙代表双方签署战略合作协议。根据协议，双方将就矿产资源勘探、开发、综合利用，矿产品（含宝玉石）检验检测，矿山安全生产与人才培养等方面进行合作。

　　与会人员围绕具体事宜进行了深入交流。

　　张文全说，中国地质大学（武汉）在地质学、地质资源与地质工程等学科领域具有独特优势，可以在珠宝产业发展、矿山安全生产、矿产资源勘探、人才培养及引进等方面为吐鲁番市提供更多支持，市校合作发展空间巨大。他表示，吐鲁番市将积极搭建平台，为学校毕业生在吐鲁番市就业创造机会，为学校在吐鲁番市开展人才培养和科学研究提供条件。

　　郝翔讲话。他说，吐鲁番市在区位和地质资源环境等方面具有独特优势，与学校长期以来保持了

战略合作协议签约现场

良好的合作关系。他希望，以此次签署战略合作协议为新起点，双方将本着优势互补、共同发展的原则，认真落实合作协议内容，进一步深化在珠宝产业发展、矿产资源管理与开发等方面的联系与合作，进一步创新市校合作模式，构建合作共赢、协调创新的长效机制，为吐鲁番市经济社会发展献计献策，为建设富裕、和谐、秀美的吐鲁番市提供智力支持。

学校与宜昌市西陵区签署战略合作协议

2016 年 4 月 11 日，学校与宜昌市西陵区开展校地合作座谈交流，并签署战略合作协议。

校长王焰新，副校长赖旭龙，宜昌市西陵区区委书记卢斌，区委常委、副区长孙杨，湖北西陵经济开发区党工委书记、管委会主任黄明，双方相关部门、企业负责人参加了座谈会。

赖旭龙、孙杨分别代表学校和西陵区签署协议书。根据协议，双方将在人才培养、大学生创新创业、科技成果转化与社会服务等方面资源共享、深化合作，共同探索搭建全价值链科技服务平台，共同打造"政、产、学、研、资"一体化链条。同时，以科技项目为牵引，积极开展水文与水资源、环境工程、资源勘查工程、安全工程、地球物理学、文化旅游开发等领域的合作，着力加强产业合作，共建企业博士后流动站等。

校长赖旭龙（右前）和西陵区副区长
孙杨（左前）签署协议书

卢斌表示，西陵区是宜昌市的中心城区，区位与资源优势明显，发展潜力巨大，中国地质大学（武汉）是国家地球科学和资源环境领域重要的科研中心和人才培养基地，具有显著的人才、科技等优势。他希望双方深化拓展全方位合作，进一步提升西陵区的科技水平，推动产业发展。

王焰新讲话。他说，学校要实现建设"地球科学领域世界一流大学"的总体目标，实现科技成果转化、人才可持续发展，离不开地方及企业的支持。他希望，双方以此次签署协议为契机，聚焦新能源、环保等科技领域，实现融合发展、共赢发展。

武汉地质资源环境工业技术研究院、欧莱雅宜昌天美国际化妆品有限公司等企业负责人分别发言，交流了产业需求及合作意向。

学校与陕西省商洛市签署战略合作协议

2016 年 5 月 15 日上午，陕西省商洛市招商项目推介洽谈会暨项目集中签约仪式在西安曲江国际会议中心举行。陕西省人大常委会副主任吴前进，陕西省政协副主席、省工商联主席冯月菊，学校党委书记郝翔，商洛市人民政府市长陈俊，商洛市委常委、副市长王华等参加签约仪式。

郝翔与陈俊签署市校战略合作协议。根据协议，市校双方按照"优势互补、共谋发展、互惠互利、实现共赢"的原则,发挥各自优势,实现优势互补,务实推进科技开发、人才培养培训、战略咨询、知识产权服务等方面的深度合作,建立长期、全面、深度的战略合作关系。

会前,双方进行了友好会谈。陈俊代表商洛市委、市政府对郝翔一行表示热烈欢迎和衷心感谢。她说,中国地质大学(武汉)学科优势明显,科技实力雄厚,商洛市愿意与中国地质大学(武汉)全面合作,努力实现互利共赢。郝翔表示,学校将立足自身特点和科技人才特长,与商洛市展开全面深入的合作,进一步加强对商洛市科技、教育、产业的服务。

据悉,2016年3月底,受上级选派,学校党委常委、副校长王华赴陕西省商洛市挂职,任该市市委常委、副市长。

学校党委书记郝翔(右)和陕西省商洛市人民政府
市长陈俊(左)签署市校战略合作协议

副校长王华宣誓挂职

学校与陕西省商洛市深入推进市校合作

2016年7月7日—9日,校党委书记郝翔、中国科学院院士赵鹏大一行赴陕西省商洛市走访调研,看望在商洛市挂职的副校长王华,参加市校合作座谈会和中国地质大学(武汉)优质生源基地、知识产权与技术转移商洛分中心签约暨揭牌仪式。商洛市人民政府市长陈俊,市委副书记黄思光,市委常委、副市长武文罡,市委常委、副市长王华以及商洛学院党委书记、校长刘建林等参加有关活动。

7月7日,中国科学院院士赵鹏大参加了商洛学院双聘院士聘任仪式,受聘为该校双聘院士,并为商洛学院师生作了题为《弘扬科学精神 夯实基础前进》的学术报告。同时,赵院士与该校教师座谈交流,接受了学生通讯社的专访,寄语商洛学院广大学子:"珍惜时光 全面发展,努力成长为'五强'人才。"赵院士指出,商洛学院地处商洛,拥有大秦岭宝库,要充分利用好得天独厚的优势,同时也要克服地理位置的客观限制,把不利因素转换为有利因素,办出特色、办出优势学科与方向,努力做到"人无我有、人有我优、人优我特"。

7月8日上午,陈俊市长会见了郝翔一行,共同参加了中国地质大学(武汉)优质生源基地、知识产权与技术转移商洛分中心签约暨揭牌仪式和市校战略合作工作座谈会,双方就进一步加快推进战略合作协议有关事项的落实进行了对接交流。郝翔表示,通过两地优势互补,务实推进科技开发、人才培养培训、战略咨询、知识产权服务等方面的深度合作,让双方建立起长期、全面、深度的战略合作关系。会议决定,中国地质大学(武汉)充分发挥人才、科研优势,结合商洛市矿产资源和产业优势,在石墨、紫绿玛瑙、硅、钨等资源开发及肝素钠技术研发、尾矿库综合利用等方面加强科研力度,在科技难题攻关、创新型企业培育、人才交流培养等方面加强合作,探索出一条市校合作的新模式。

7月8日下午,郝翔一行参加了学校与商洛学院结对合作座谈会。商洛学院就学校在高层次人才队伍建设、开展研究生教育、建立教师和干部交流机制等方面给予支持,双方就在学科建设、专业建设、科学研究、教育教学、教师培养等方面是否建立全面合作关系进行了协商。会前,郝翔一行参观了商洛学院发展成就展展厅、秦岭植物标本陈列室、生物学优势学科展室和陕西省尾矿资源综合利用重点实验室、红色文化资料馆、商洛文化暨贾平凹研究中心、艺术展厅和校园等。

期间,郝翔一行还参观了商丹工业园区、商洛学院丹凤科教基地。

校领导赴河南深入开展校地合作

2016 年 10 月 16 日上午,中国地质大学优质生源基地暨大学先修课试点学校授牌仪式在濮阳县第一中学隆重举行。校党委副书记傅安洲一行及濮阳市人民政府副市长孙永振等市、县领导,濮阳市辖区 9 所省级示范性高中校长和县一中师生共 1 000 余人参加了授牌仪式。

授牌仪式现场

校党委副书记傅安洲(右)向濮阳县
一中校长张红权(左)授牌

傅安洲简要介绍了学校的历史、专业设置、师资力量、知名校友等概况,并对濮阳县第一中学的办学理念和办学特色给予了充分的肯定,他希望更多的优秀学子报考中国地质大学(武汉)。傅安洲向濮阳县一中校长张红权授予了"中国地质大学(武汉)优质生源基地"和"中国地质大学(武汉)大学先修课试点学校"铜牌。

学校分别与濮阳市辖区 9 所省级示范性高中签订了《中国地质大学(武汉)合作共建优质生源基地合作协议书》。

孙永振表示,市委、市政府将为校地合作提供有力支持,希望各签约学校依托中国地质大学优势教育资源,积极探索中学教育与大学教育的衔接机制,着力提升学生的综合素质和创新能力,加快学校内涵发展,推动基础教育发展再上新台阶。

与会人员参观了濮阳县一中校史馆,观看了学生大型团体操表演及学校"Chemistry Show——身边的化学"实验展演。

10月16日下午,中国地质大学—濮阳市校地合作座谈会在濮阳市迎宾馆举行。傅安洲及濮阳市、县主要领导,市科技局等11家政府及事业单位主要负责人、各化工企业代表参加座谈会。双方希望能够充分利用各自优势,积极拓展在教育、文化、产业等方面的全方位、深层次合作。

10月17日上午,副校长万清祥一行赴郑州宇通客车股份有限公司开展就业走访,并参观了各部门,了解了公司发展历程及整车生产工艺流程。随后与公司人力资源副总监闵杰、新能源技术部李进博士等相关部门领导座谈,双方就校企文化、人才培养、人才需求、校企合作等方面进行了深入的交流。

据了解,学校于2016年6月印发了《提高本科生源质量与就业质量行动计划》的通知。按照学校管总、职能部门协调、学院(课部)联动的思路,建立了以校领导牵头、校领导分管部门和联系学院(课部)为支撑,师生和校友广泛参与的协同推进机制;建立了生源基地、就业基地、实习基地统筹布局,招生就业与实习工作协同推进,以省(区、市)为单位,境内重点中学、500强企业为重点,以师生、校友与毕业中学和就业单位的天然联系为桥梁,以"挂图作战"的方式分片联络走访、网格化推进的协同运行模式。

学校与西藏地勘局签订战略合作协议

2016年11月7日,西藏地质矿产勘查开发局(简称"西藏地勘局")与中国地质大学(武汉)在迎宾楼三号会议室签订战略合作协议。西藏地勘局党委副书记、局长王衍彪,副局长张焕彬,中国地质大学党委副书记傅安洲及双方相关职能部门负责人参加了会议。

中国地质大学党委副书记傅安洲主持会议并介绍学校情况。

西藏地勘局局长王衍彪发表讲话,介绍局校合作的背景以及双方合作的内容及远景目标。

西藏地勘局局长王衍彪与党委副书记傅安洲签署战略合作协议,协议本着"自愿平等、优势互补、互利互惠、共同发展"的原则,建立长期的战略合作关系;促进双方在人才培养、项目实施、科技创新等方面取得实效;逐步建立全方位、深层次、多形式合作及产学研相结合的有效机制。西藏地勘局与中国地质大学(武汉)将在工程地质、环境地质、矿产地质、区域地质、地质科研等方面的人才培养、科技攻关、科技交流以及共建队伍等方面开展合作交流。

与会人员就局校合作的具体内容展开交流。

学校与商洛市深化校市合作

2016年12月4日至5日,王焰新校长一行赴陕西省商洛市调研,看望在商洛市挂职的副校长王华,推进校市合作。商洛市委书记陈俊会见了王焰新校长一行。

12月5日上午召开校市合作座谈会,商洛市委副书记、市长郑光照,市委常委、副市长武文罡,商洛市委常委、副市长王华,学校校长王焰新,材料与化学学院、环境学院及其相关部门负责人参加座谈会。会议由王华主持。武文罡致欢迎词。

校市合作座谈会现场

王焰新简要介绍了学校办学历史及发展近况。他表示,学校与商洛市关系密切、感情深厚,在校市双方的共同努力下,签署了战略合作协议,建立了良好稳定的合作关系。学校将进一步发挥学科、科技、人才等优势,结合商洛市实际,创新合作模式,积极探索在资源环境等领域实现双方合作的新突破,实实在在地为商洛市经济社会发展服务。

郑光照讲话。他表示,商洛市生态、资源优势明显,当前迫切需要把良好的生态、资源优势转化为经济发展优势,中国地质大学科研实力雄厚,与商洛市的资源禀赋和产业发展方向契合度高,希望双方依托"商洛资源环境与工业技术研究院"等平台,进一步深化合作,努力实现校市携手共进、合作双赢。

郑光照、王焰新为"商洛资源环境与工业技术研究院"揭牌。学校材料与化学学院、环境学院、资环工研院分别与商洛市政府部门及当地企业签署了水污染防治、矿产资源开发、环境保护等系列校地、校企合作协议。

座谈会后,王焰新应邀为商洛市政府各级领导干部作了题为《实施区域创新驱动,厚植区域发展优势》的报告。

王焰新一行到商洛学院调研,考察了尾矿资源综合利用省级重点实验室等科研平台。

校友活动

校友会及分会活动

校友会办公室走访陕西校友分会

2016年1月8日—10日,校友会副秘书长李门楼率校友会办公室工作人员赴西安走访校友,受到了陕西校友分会副秘书长刘欣、斯尚华等校友的热情接待。

李门楼向校友们介绍了学校的最新发展状况和校友会办公室的工作情况,并感谢校友们一直以来对母校发展的关注和支持。校友们为母校取得的发展成绩倍感兴奋,表示将在学校校友会的指导下继续推进陕西校友分会的组织建设,进一步提升陕西校友分会活力,助推母校的发展。

李门楼副处长(左四)与校友合影

期间,李门楼一行还与因公在陕西出差的广东校友分会会长孙政权进行了座谈,并走访了陕西工程勘察研究院、中国地质调查局西安地质调查中心(简称"西安地调中心")和聚帮客生活服务有限责任公司,就校企合作、校友信息化建设等方面与党学亚、史进昌等校友进行了深入的交流。

央视《新闻联播》报道校友曾维康事迹

2016年1月12日,中央电视台新闻联播《治国理政新实践·脱贫军令状》栏目播出《精准扶贫:扶贫产业如何长效?》,报道了学校工商管理专业2004级校友、广西平果县海城乡党委书记曾维康扎身基层、服务脱贫的事迹。

报道说:"海城乡为了脱贫,办过厂,种过金银花、剑麻等,大多短命……。曾维康认为,最主要的问题就是单纯地为了完成县里面的项目,急于求成,希望在短时间内,能够有些成效,存在一些求急求快心理。曾维康为了让农户种植火龙果,雇大客车,挨村拉着农户去邻乡参观,通过实地考察学习,初步打消村民顾虑。曾维康计划火龙果规模化种植后,通过扩大销售市场,建立冷库、物流和包装等一体化链条,形成一个系列产业链条衔接的深加工体系……"

央视评论道:"海城乡之所以能变不利为有利,成功发展起脱贫产业,就是因为想明白了路子,走对了路子。海城乡的实践启示我们,发展扶贫产业,不仅要立足当前,更要放眼长远;不仅要形成特色,更要形成产业链;不仅要接地气,更要对接潮流大势。简而言之，就是要用市场经济的思维引领产业扶贫。只有充分尊重市场，利用市场，扶贫产业才能长足发展，脱贫目标才能稳定实现。"

曾维康，1983年12月出生，湖北荆州人，2004年进入学校经济管理学院学习，曾任大学生通讯社社长、校学生工作处助理。2008年免试推荐至清华大学新闻与传播学院攻读硕士学位，毕业后到广西壮族自治区工作，先后在百色市平果县县委办公室、平果县四塘镇、海城乡工作。现任平果县海城乡党委书记。

《新闻联播》报道曾维康视频截图

校友会办公室赴武汉理工大学调研

2016年1月22日上午，校友与社会合作处副处长李门楼率校友会办公室、基金会办公室工作人员一行4人，赴武汉理工大学学习调研。武汉理工大学社会合作与发展处处长王锦华、副处长马千军和李文涛等接待了学校一行。

李门楼和王锦华首先介绍了各自单位的主要情况。随后与会人员就校友会信息化建设、基金会筹款规划、社会合作机制等内容进行了深入的交流和沟通，并就如何深化学校对外合作与发展达成了一定的共识。

交流现场

双方合影

陕西校友分会召开理事会

2016年1月23日，陕西校友分会在西安召开校友分会理事会，校领导傅安洲一行出席了会议。

会议由陕西校友分会孙建和秘书长主持。

陕西校友分会郭力会长致辞并对校友分会成立以来所做的工作进行了回顾和总结。

陕西校友分会的理事们就2015年的校友工作发表了个人的看法和建议，并对2016年的工作提出了希望和要求。校友分会秘书处的同志们认真作了记录，表示将尽快拿出2016年的工作计划并遵照执行。

校领导傅安洲代表学校对陕西校友分会成立以来所做的工作给予了充分的肯定，同时代表学校对在陕西工作的校友们表示问候和祝福。

会上，傅安洲副书记就学校人才培养、学科建设、科学研究、队伍建设、校园文化、新校区建设、国际合作、社会合作等方面取得的成绩向与会的理事们作了介绍。会议在热烈欢快的气氛中圆满结束。

会后合影

看望校友

会议期间傅安洲一行走访看望了在秦荣电气自动化有限公司、国家土地督察西安局工作的校友们，并就双方共同关心的问题进行了广泛的交流。

武汉工商学院来校调研

2016年3月11日上午，武汉工商学院党委副书记孙松发一行6人来校调研。校友与社会合作处处长兰廷泽，副处长李门楼、卢杰，接待了来访同行。

座谈会现场

双方合影

在座谈会上，双方就校友会、基金会、社会合作、大学生创新创业等工作进行了深入的探讨，并达成一定的共识。

1982级毕业30周年返校聚会筹备会召开

2016年3月29日下午，学校召开1982级毕业30周年返校聚会筹备会。校领导郝芳、1982级返校聚会筹委会成员和相关职能部门负责人参会。

校友会秘书长兰廷泽主持会议，校友会副秘书长卢杰介绍了学校关于1982级校友返校聚会的总体方案。

与会人员就1982级校友"国庆"返校聚会的日程安排等事项进行了热烈的讨论，并达成初步共识。

筹备会现场　　　　　　　　　　　　　校领导郝芳讲话

副校长郝芳讲话。他指出，校友是学校发展的重要资源，今年学校举办1982级毕业30周年返校聚会活动，就是对校友工作重视的体现，希望参会人员一致努力，为广大校友打造一个温馨和谐的返校环境。

校友会办公室走访武汉四方光电科技有限公司

2016年3月30日，学校校友与社会合作处副处长卢杰率校友会办公室工作人员走访校友企业——武汉四方光电科技有限公司，武汉四方光电科技有限公司董事长熊友辉校友热情接待了来访一行。

武汉四方光电科技有限公司创建于2003年，是一家专业从事现代气体分析仪器，集研究、开发、制造、仪器仪表设备成套、安装调试及销售服务于一体的新型高新技术企业，现已发展成为我国气体分析仪器领域重要的创新基地。

卢杰副处长与熊友辉校友就武汉校友分会换届、中国地质大学第二届校友足球队比赛等事宜进行了深入的探讨，并对相关问题的解决制订了方案。

武汉校友分会换届

2016 年 4 月 9 日,学校武汉校友分会换届大会在迎宾楼学术报告厅举行。校领导郝翔、傅安洲、赖旭龙、郝芳、万清祥,校教育发展基金会理事长张锦高,校友会副会长丁振国、邢相勤,部分校友分会负责人、各学院、相关职能部门负责人及在汉校友代表 150 余人齐聚一堂,共叙母校情,共谱地大梦。

珠宝学院 2011 届校友夏梓悦、信息工程学院 2012 届校友何祥伟主持大会。

资源学院 1994 届校友熊友辉代表武汉校友分会第三届换届筹备组向大会报告换届筹备情况。

校党委副书记傅安洲宣读了中国地质大学校友会《对中国地质大学武汉校友分会换届申请的批复》。

会议审议了《中国地质大学第三届武汉校友分会理事会人员建议名单》,选举产生了付书科等 40 位校友组成新一

部分理事合影

届理事会,推选地球科学学院 1996 届校友王学海为第三届武汉校友分会会长,熊友辉为秘书长。

第二届武汉校友分会执行会长吴一民将中国地质大学武汉校友分会会旗授予王学海,并希望武汉校友分会继续广泛团结在汉的地质大学校友,助推母校繁荣发展。

全体分会校友合影

王学海代表新一届理事会讲话。他说，新一届武汉校友分会将依托母校，通过微信等多种方式，全力凝聚在汉校友，为学校、校友事业的发展提供常态性支持和帮助。

熊友辉代表第三届武汉校友分会向学校捐款 10 万元，用于校友"地大杯"等文体活动的开展。

杨博智、温兴生、吴志振、欧阳建平、鲍清芬等相继代表在汉校友作了发言。

上海校友分会会长金宗川、广东校友分会秘书长李长胜、河南校友分会秘书长卫红伟到会祝贺并致辞。

校党委书记郝翔讲话。他代表学校对武汉校友分会的换届表示热烈祝贺。他希望新一届武汉校友分会在继承前两届武汉校友工作的良好基础上，借鉴世界优秀校友会的办会经验，精诚团结广大武汉校友，完备自身在校友与外界沟通的桥梁和纽带作用，使武汉校友分会成为地大校友分会中的典范。

大会在嘹亮的《勘探队员之歌》的歌声中落下帷幕。

第二届"校友·地大杯"足球比赛举行

2016 年 4 月 16 日—17 日，由中国地质大学校友总会主办、武汉校友分会承办，北京、上海、广州、深圳、陕西、川渝、武汉 7 支校友分会足球队一同参与的第二届"校友·地大杯"足球比赛在西区足球场开幕。中国地质大学副书记傅安洲、校友总会副会长邢相勤、宣传部副部长刘国华等学校领导，各地校友会代表，赛事赞助单位武汉宝谷博览珠宝经营管理有限公司、武汉赛思通用科技有限公司、厦门三烨传动机械有限公司代表等出席开幕式。

开幕式由校友总会副秘书长卢杰主持。

傅安洲副书记在开幕式上的致辞中表示，举办"校友·地大杯"足球赛，是为了加强校友之间的交流、促进友谊，也是展示地大校友风采的平台，希望大家赛出风格、赛出水平。

武汉校友分会秘书长熊友辉作为校友分会代表致辞，并代表武汉校友分会向学校校友总会秘书长兰廷泽捐赠了 10 万元，作为校友文体比赛的专用资金。

运动员和裁判员代表宣誓以后，邢相勤副会长宣布足球比赛正式开幕。

经过两天激烈的小组比赛，上海校友足球队和武汉校友足球队分别在两个小组拔得头筹，进入到最后的决赛。在决赛中，上海校友足球队凭借顽强的防守和门将的出色发挥逼平了实力强劲的武汉校友足球队，并在随后激烈的点球大战中以 4:3 战胜了武汉校友足

开幕式现场

球队,夺得冠军,武汉校友足球队获得亚军。在三四名决赛中,广州校友足球队在激烈的大战中2:1战胜北京校友足球队,夺得季军。北京校友足球队、深圳校友足球队、川渝联队、陕西校友足球队分获第四到第七名。此外,在本届赛事中,深圳、武汉的拉拉队惊艳亮相,引爆全场,为各地的校友队员们进行了舞蹈表演,用青春的热情为大家驱散了雨天的阴霾。

校党委副书记傅安洲致辞

比赛结束后,举行了颁奖仪式。颁奖仪式由校友与社会合作处副处长卢杰主持。首先由兰廷泽处长为上海校友足球队颁发冠军奖杯,李门楼副处长为武汉校友足球队、上海校友足球队颁发了最佳射手奖和最佳门将奖。至此,第二届"校友·地大杯"足球赛圆满落幕。

积极备战足联杯,广东校友分会为球队庆功

2016年4月23日,中国地质大学广州校友足球队在新安明珠足球俱乐部与天津大学广州校友足球队进行了一场友谊赛,最终双方3:3握手言和。赛后,广东校友分会会长、无极道控股集团董事长孙政权在黄埔华苑设宴,宴请球队全体成员,祝贺球队在地大杯获得的优异成绩,球队赞助商奥瓷陶艺品牌创始人韩德村参加了活动。

为备战5月8日开幕的广州高校足联杯的比赛,球队坚持每周一赛,以赛代练,希望能够尽快磨合阵容,以最佳的状态迎接球队首次参加的正式比赛。23日下午与天津大学广州校友足球队的比赛,首次出现了球员15人,拉拉队16人的阵容,这个阵容充分表明了球队团结校友的良好发展态势。在天津大学广州校友足球队体力不支,不得不邀请场

全体球员和拉拉队队员合影

外的其他球队支援和中国地质
大学广州校友足球队四中门梁
的情况下，双方战成3∶3，握手
言和。

赛后，广东校友分会会长、
无极道控股集团董事长孙政权
在黄埔华苑设宴，宴请球队全体
成员。

晚宴上，孙政权校友给球队
提出了3点希望：一是祝贺球队
在第二届"校友·地大杯"取得
第三名的好成绩；二是希望足球
队能够继续发展壮大，吸收新的
毕业生，适时建立梯队，保持球
队的活力，使球队成为校友会下
一个团结校友的小家庭；三是希
望足球队能够走出去，在广州高
校的赛场上取得好成绩，展示地
大人的精神，为地大争光。

韩德村校友作为球队的赞
助商和球队的一员，也感谢了广
东校友分会为校友企业提供的
广阔平台，感谢广州校友足球队
为奥瓷陶艺给予的支持。

席间众人觥筹交错，其乐融
融。毕业多年的师兄们从球队
发展聊到企业发展，从足球聊到
当年在校时的风流往事。赞助
商韩德村校友忽然觉得有必要
把这种欢乐再升华一下，赶紧把
原定的火车票退了，众人继续相
谈甚欢。

全体队员纷纷表示，感谢广
东校友分会对足球队的关注，感
谢校友韩德村、孙政权对足球
队、拉拉队的赞助和支持，希望
今后足球队能为校友会、奥瓷陶
艺做出更多的贡献。

友谊足球赛掠影（一）

友谊足球赛掠影(二)

孙政权在宴会上讲话

韩德村讲话

赛后聚餐　把酒言欢

校友会赴厦门指导福建校友分会换届工作

2016年6月13日—15日,校友与社会合作处处长、校友总会秘书长兰廷泽一行3人赴厦门就福建校友会换届工作进行指导,成立了换届工作筹备组,并就会长、秘书长、理事人选进行了商议,达成了初步意向。

期间,兰廷泽处长一行3人还赶赴龙岩市看望了刚刚做完手术出院的学校第一届校董、福建著名慈善家、中元酒店董事长李忠荣校友。

福建校友会换届工作会议现场

看望李忠荣校友(左三)

勘察与基础工程系喜迎1963级校友回母校

2016年5月17日,勘察与基础工程系迎来了来自全国各地的10余名1963级校友回母校。

工程学院副院长陆愈实对校友的到来表示欢迎,并对工程学院的情况作了全面介绍。

校友们听取了勘察与基础工程系主任窦斌对该系学科、专业发展、教学科研、生源情况和就业去向等情况的介绍。在听到该系勘查技术与工程、地质工程(岩土钻掘)两个本科专业多年来均排名全国第一,其中勘查技术与工程专业更是湖北省品牌专业、国家特色专业,并进入教育部卓越工程师培养计划,校友们无不为该系取得的成绩与发展而感到高兴,并纷纷表示,愿为学校发展助一臂之力。

校友们深情回忆起当年在校时的学习情况和当年任课老师的授课情况,讲述了自己毕业后的经历与变化,感激母校和老师们的辛勤培育,并为该系老一辈教师严谨的治学态度和高尚师风而感动。有的校友还结合当今社会发展,对该系的人才培养提出了中肯的建议。当听到该系现有教师继承老一辈优良传统,紧密结合国家经济建设国内外学科前沿,在非常规油气资源、地热与干热岩、非开挖技术、深部地质钻探以及地基与基础工程等工程领域做出了不俗的成绩时,校友们感到无比高兴。

在勘察与基础工程系段新胜教授的陪同下,校友们兴致勃勃地参观了钻探大厅和非开挖

勘察与基础工程系1963级校友座谈会现场

工程、天然气水合物、地热与干热岩等实验室，实地了解了该系取得的成果。

据悉，勘察与基础工程系前身是原北京地质学院钻探教研室，1954年设立钻探工程专业，1963年开始招收硕士研究生，1980年成为国家重点学科，目前拥有岩土钻掘与防护教育部工程中心、中美非开挖联合研究中心等平台。该系现有教职员工32人，近5年来本专业教师承担各类国家级科研项目60余项，获国家级、省部级科技进步等奖10余项，出版教材、专著10余部，主编和参编多部行业规范，在国内地球深部钻探、非开挖工程、非常规能源等领域获得了高度认可和积极评价。校友们毕业后，以扎实的专业知识、优秀的综合素质，为国家探矿工程行业的发展做出了突出贡献。

校友会办公室走访校友企业

2016年5月18日上午，中国地质大学校友与社会合作处副处长、校友总会副秘书长卢杰一行到校友企业武汉云庐数据科技有限公司、武汉华信联创技术科技工程有限公司进行走访调研。

在云庐数据科技有限公司，卢杰副秘书长与公司创始人1987级校友刘晓明、王秀兵进行了亲切交流，并出席了该公司适用于石材电商和社交平台的"百石堂APP"上线发布会。卢杰副秘书长对其服务平台的开放理念给予了高度肯定，并祝贺发布会圆满成功。

在武汉华信联创技术科技工程有限公司，卢杰副秘书长详细了解了公司的企业文化和发展战略，特别就人才培养、大学生创新创业等问题与总经理龚杰校友进行了深入探

校友会领导与校友企业家合影

讨,高度赞扬了龚杰校友依托气象行业资源,立足地球环境观测领域,专业从事气象软件开发、气象信息服务创业所取得的成就。

校友会办公室参加全国高校校友工作培训会

2016 年 5 月 24 日—27 日,2016 年第一期全国高校校友工作培训会在同济大学召开,校友与社会合作处副处长卢杰率校友会办公室工作人员参会。在会议中,卢杰副处长就校友工作的职业化服务、校友会的战略发展定位等主题与其他校友工作同仁进行了深入的研讨。

会后,卢杰副处长还走访了上海校友分会并观看了上海校友分会篮球队晋级全国高校校友联赛(上海赛区)的八强赛和上海校友分会足球队晋级"楚才杯"上海高校校友联赛的决赛,上海校友分会足球队夺得冠军。

二零一六年五月　同济大学

第一期全国高校校友工作干部培训班合影

篮球比赛现场

卢杰副处长(右二)与部分篮球队员

足球比赛现场

足球比赛赛后合影

湖南校友分会筹备会召开

2016 年 6 月 4 日下午，学校湖南校友分会筹备会在长沙召开。会议成立了中国地质大学湖南校友分会筹备委员会工作组，讨论了湖南校友分会成立的具体事宜。

附：湖南校友分会筹备委员会工作组名单

组长：王依洲

副组长：刘启顺、易晓明

成员：李正坤、税明东、彭和求、张雄、李栋、吕彦杰、陈鹏、易炜、申永江、肖明国、杨华、王浪波、贺聪、肖毅、邹洪波、童军

湖南校友分会筹备会参与人员合影

欧阳自远校友返校举行讲座

2016 年 6 月 8 日,学校 1956 届著名校友、中国科学院院士、"嫦娥工程"首任首席科学家欧阳自远来校,在弘毅堂作了以《中国的探月梦》为主题的报告。

晚 19 点,报告会现场座无虚席,校党委副书记傅安洲与 1 000 余名师生共同聆听了这场报告会。欧阳自远院士出场时,雷鸣般的掌声经久不息。他首先介绍了自己从地质学转向探月工程的经历:他大学期间学习地质专业,后来又攻读核物理,在祖国需要的时候,他站了出来,开始走向"探月"。

随后,欧阳自远院士以一种全新的视角带领听众走进另一个世界,解说真实的月球。从月球的起源说起,他介绍了月球的环境资源,论述了月球对人类的意义,详细讲述了月球探测史以及月球在未来国际的战略意义,说明了中国探月计划的重要性和紧迫性。同时他指出,我国的探月工程经历了诸多困难,面对西方国家的技术封锁,嫦娥系列一次次突破困境,使中国航天事业取得长足发展。最后,欧阳自远院士分析了当前我国探月工程的形势——"前有阻击,后有追兵",并介绍了中国月球探测的发展战略和深空探测的长远计划。他强调,中国应该也有能力进行更深的月球探索,对人类做出更大的贡献。我们应该战胜困难,把我们的国家建设成科技强国,屹立于世界。报告精彩纷呈,每当掌声响起,欧阳自远院士都会起立向大家致谢。

在提问环节,欧阳自远院士对参加高考的考生们表达了祝福。他说,无论选择任何专业,只要是自己想做的,就要用一生的力量去探求。面对现场一位小学生提问:"我国哪些航天技术世界领先?"他非常高兴地答道:"有志不在年高,能看到这么小的孩子关心航天事业,我真的很欣慰。"随后他指出,一个国家的航天技

院士欧阳自远校友作主题报告

讲座现场座无虚席

术水平应从多方面综合考量,我国航天事业起步较晚,所以暂时还称不上领先。"但我相信在不久的将来,我国将成为航天强国,这正需要你们这代人的努力。"

信息工程学院遥感专业的 2013 级学生谭伟伟来自欧阳自远院士的中学母校,这已经是他第三次听欧阳自远院士的讲座了。谭伟伟说,欧阳自远院士在科普的同时不忘幽默,令人印象深刻。从欧阳自远院士身上,他感受到了"脚踏实地,仰望星空"的巨匠精神。

据悉,本次活动由校团委和科学技术发展院主办,校团委青年研习会承办。

"千叶之夜·匠心筑梦"首饰设计与服装搭配大赛举行

2016 年 6 月 11 日晚,由校友企业——千叶珠宝股份有限公司独家赞助的"千叶之夜·匠心筑梦"珠宝学院第十二届首饰设计与服装搭配大赛(简称"首服大赛")在学校西区弘毅堂举行。

大赛在一个模特、两位设计师,颇具行为艺术风格的表现方式,1 号重奏队的作品《重奏》中拉开序幕。紧接着,艺高梦之队以中国传统的篆刻艺术为灵感为大家带来《楚夕》系列作品。第三个出场的由"全"队带来的作品《京·艳》惊艳全场,该作品从服装、首饰、妆容到舞台形式都取材于京戏元素,背景音乐从传统的民乐过渡到节奏感较强的流行乐,模特随音乐的变幻摘下面具、变换步伐节奏,将作品的传承性和现代感诠释得淋漓尽致。第四个出场的剪纸中国队则巧妙地运用了剪纸元素,颇具创意。

由 8 号"NOBLE LORI"队带来的《红韵华彰》系列作品赢得了现场评委与观众的一致好评。开场的古典舞表演、现场屏风等道具的布置以及模特的精彩表现使整个表演过程灵动而精美,贯穿于服饰中的书法、编织、折扇、剪纸等元素既切合大赛主题又蕴含着设计师对传统文化的思考和创新,极具艺术美感。结合光影表现的 5 号作品《系列·漆光与皮影》、剪纸艺术与皮影精粹交融的 6 号作品《灯影戏》、将纸艺术应用于布艺中的 7 号作品《目心》、极具禅意的 9 号作品《物·艺·心》,以及用孔雀和折扇凸显女性之美的 10 号作品《不语系列》同样为大赛添彩,收获赞誉。

8 号"NOBLE LORI"队获一等奖,3 号"全"队获二等奖,7 号"目心"队与 9 号"A la chaire fontaine"队获三等奖。

作品曾两次荣登央视舞台的珠宝学院大二学生林锦辉是获得一等奖的团队成员之一。他说,这次团队用了半个多月的时间设计了 8 套女装以及 5 套屏风等道具,虽然辛苦但结果令人满意,让他深刻理解了"付出多少,收获多少"。

"今天很荣幸能见证 10 组地大学子带来的匠心之作和精彩演绎,"千叶珠宝品牌总监王业伟说,"希望大家能坚持下去,持续不断地打造'走心'的作品。"

大赛现场

242名毕业生被聘为"校友大使"

2016年6月16日,2016年"校友大使"聘任大会在逸夫博物馆报告厅召开,242名2016届本科生、研究生被聘为"校友大使"。

会议由校友与社会合作处副处长卢杰主持。

校友与社会合作处副处长李门楼宣读了《中国地质大学(武汉)校友与社会合作处关于聘任2016届校友大使的决定》。

李四光学院本科毕业生马晴、信息工程学院研究生毕业生李水平分别发言。

优秀"校友大使"代表、工程学院2014届校友大使、上海校友分会理事姚正源作了主题发言。

校友与社会合作处处长徐岩,副处长李门楼、卢杰为各学院(课部)"校友大使"代表颁发2016届"校友大使"聘书。

徐岩寄语校友大使们,在今后的工作中保持乐观和自信的精神状态,广泛联系校友,共同为母校的建设和发展贡献力量。

学校自2008年开始,每年从应届毕业生中聘任一批热衷校友工作的学生兼职做"校友大使",历届"校友大使"积极联络本班级、本专业同学,充分搜集广大校友信息和对学校建设发展的意见,多方面联络校友感情,助力学校发展。

校友与社会合作处处长徐岩(左一)、副处长李门楼(右一)为"校友大使"代表颁发聘书

校领导傅安洲一行赴上海校友分会检查指导工作

2016年6月18日—19日，校党委副书记傅安洲带领校友与社会合作处处长徐岩等一行5人走访上海校友分会，并与上海校友分会会长、秘书长就上海校友分会的工作进行了深入细致的交流，对上海校友会过去一年的工作给予了充分肯定和高度评价。同时对今年在上海召开的由上海校友分会承办的中国地质大学第八届全国校友会会长/秘书长会议提出了明确要求和建设性意见。

走访期间，傅安洲副书记还观看和指导了学校上海校友分会篮球队与沈阳建筑工程大学上海校友分会篮球队"2016高校上海校友篮球联赛"冠亚军争夺战，学校校友分会篮球队经过奋力拼搏，最终完胜实力雄厚的沈阳建筑工程大学上海校友分会篮球队，夺得"2016高校上海校友篮球联赛"冠军。这是上海校友分会篮球队再次蝉联该项赛事的冠军。

比赛结束后校领导傅安洲为"2016高校上海校友篮球联赛"的最佳领队和冠军队颁奖。

傅书记(左图为右二，右图为左一)为最佳领队颁奖并合影留念

突破上篮　　　　　　　　　　傅书记(右一)给队员面授机宜

傅书记(右一)为冠军队颁发奖杯　　　　　　　锁定比分，记分牌前合影

现任校友与社会合作处处长徐岩(第一排右二)、原处长兰廷泽(第一排右一)和拉拉队一起现场助威

地大校友，上海一家亲——球员、拉拉队全家福

环境工程53022班校友毕业10周年重聚母校

2016年6月25日，环境工程53022班26位学子齐聚美丽的南望山脚下。他们离开母校已整整10周年，10年来，对母校的眷恋始终萦绕大家心头。现如今，大家满怀感恩，欢聚一堂，共叙师生情。

校友返校座谈会在文华楼205举行，学校校友与社会合作处处长徐岩、环境学院党委书记李素矿、党委副书记杨昌锐、团委书记杨雪、机械与电子信息学院党委书记王海花、工程学院党委副书记江广长出席了座谈会。

徐岩处长首先对校友返校表示了诚挚的欢迎，并介绍了学校各地校友会为校友们提供的优质创新创业服务、就业发展支持和丰富的文体活动，以帮助各地校友们找到家的温暖。他鼓励校友们积极加入校友会，保持与学校和学院的联系，关注母校的发展。

李素矿书记和杨昌锐副书记向校友们介绍了环境学院近年来的新变化，包括新校区学院建设及近年来环境学院教学和科研上取得的成果。李书记借用6月24日校长王焰新在毕业典礼上的讲话《为公与修己》中地大版《南望山》的歌词寄语校友们："'南望南，北戴北，难忘这光阴；南望山，燕赵北，江月盼子归！'欢迎校友们常回家。"杨书记向大家阐释了"上善若水，守正出新"的价值取向，希冀校友们能够在未来的工作、生活中传承水的优良品质。

再次见到10年前的班主任江广长老师和当年副书记王海花老师，校友们倍感亲切。两位老师谈起了大家本科期间的趣事，也更关心大家的工作现状及生活情况。校友们按班级学号逐一谈起自己的现状，表达了对母校、老师的怀念和对老师培育之恩的感激之情。有不少校友还结合自身工作经历对学院专业人才培养等方面提出了合理的建议，并向老师们咨询了各地校友会组织、在职硕士等问题。

座谈会期间，学校及学院向全体校友赠送了具有特殊意义的纪念品。校友们露出惊喜的笑容，纷纷感谢各位老师的关怀。

座谈会现场

座谈会后，校友们驻足流连曾经学习生活过的地方，在教学楼前留影，宿舍楼道漫步，并重温了西区一食堂的饭菜，同时惊叹于图书馆的优越环境。大家由衷为母校10年来的发展感到自豪。

相聚总是短暂的，在蒙蒙细雨中，环境工程53022班校友毕业10周年重聚母校活动在欢声笑语中圆满结束。临别前夕，校友们一致相约："艰苦朴素、求真务实"，以更大的成就回报母校的培养，大家10年后再相会。

福建校友分会换届

2016 年 7 月 9 日，学校福建校友分会换届大会在厦门市举行。校领导赖旭龙、教师代表、部分学院负责人及在闽校友代表 120 余人参会。

公共管理学院 2008 届校友陈晓阳主持会议。

地球科学学院 1983 届校友郑宏俊代表福建校友分会换届筹备组向大会报告换届筹备情况。

校友会副秘书长卢杰宣读了中国地质大学校友会《关于中国地质大学福建校友分会换届申请的批复》。

会议审议了新一届《中国地质大学福建校友分会理事会人员建议名单》，选举产生了陈坛寿等 24 位校友组成新一届理事会，推选材料与化学学院 1982 届校友李忠荣为新一届福建校友分会名誉会长，机械与电子信息学院 1996 届校友卢禄华为分会会长、郑宏俊为秘书长。

基金会秘书长兰廷泽将中国地质大学福建校友分会会旗授予卢禄华。卢禄华代表新一届理事会讲话。他说，新一届福建校友分会将传承地大校训精神，用点滴行动为校友、母校和社会的发展贡献力量。

珠宝学院 2003 届校友李玉娟、环境学院 2006 届校友曹英兰、地球科学学院 2007 届校友黄黎明等相继代表在闽校友作了发言。

校友陈晓阳宣读了中国地质大学校友会和各校友分会对福建校友分会顺利换届发来的贺信。

校友与社会合作处长徐岩代

学校老师与新一届福建校友分会理事会成员合影

授旗仪式

徐岩处长讲话

赖旭龙副校长作总结讲话

表中国地质大学校友会对福建校友分会的换届表示祝贺，希望分会在科学研究、人才培养等方面，加强与母校的沟通和合作，以高标准的要求建设福建校友分会。

副校长赖旭龙讲话。他代表学校对福建校友分会顺利换届表示热烈祝贺，希望新任分会会长卢禄华带领新一届福建校友分会，弘扬"艰苦朴素、求真务实"的精神，更好地服务于校友和母校的发展。

与会人员合影

大会在铿锵有力的《勘探队员之歌》的歌声中落下帷幕。

武汉校友分会举办2016年迎"新"见面会

2016年8月14日下午，武汉校友分会举办迎接2016年毕业在汉工作校友见面会。校友与社会合作处处长徐岩、武汉校友分会秘书长熊友辉和近百名校友参会。

会议由武汉校友分会副秘书长何祥伟主持。

武汉校友分会副秘书长龚杰代表武汉校友分会秘书处向与会校友介绍了武汉校友分会的发展历程。

熊友辉代表武汉校友分会讲话。他说：地大武汉校友分会必定全力助推在汉工作的各位校友的发展，希望刚刚走入武汉职场的各位校友，制订好自己的发展规划，尽快实现人生角色的转变，以更好地体现人生价值。

徐岩代表学校校友会讲话。他简要介绍了学校校友会的概况，希望在武汉工作的各

会议现场

熊友辉秘书长讲话

位新校友充分利用武汉校友分会的平台，发扬地大人勇攀高峰的精神，在工作和生活等方面团结协作，以便更好更快地适应社会的发展。

李永波、王洪健、余冯力、许胜华、尚小力等校友相继作了发言。

大会还选举成立了武汉校友分会青年分会，由龚杰担任第一届武汉校友分会青年分会理事长。

徐岩处长讲话

参会人员合影

24年的情谊　20年的酝酿

—— 水文系1996届校友返校纪实

24年前，1992年9月，我们带着青春的梦想和热情，满怀着憧憬，为了满足对知识的渴求，从祖国的四面八方走到一起，来到武汉，在我们永远不能忘记的母校——中国地质大学，留下了不能忘却的4年人生足迹，经历了人生最纯净美好的时光。

2016年8月18日—21日，中国地质大学水文地质与工程地质专业1996届毕业学生中的40多名同学带着重逢的期盼，带着岁月的留痕，带着人生的收获，带着对母校、对老师、对同学的眷眷深情、浓浓思念来到武汉，来到中国地质大学，汇聚在南望山下，团聚在

水文系 1996 届校友合影

地大校园,感谢恩师教诲,共叙同窗友谊。

8月18日是聚会报到日,同学们陆陆续续从全国各地赶到中国地质大学接待服务中心。同学相见,看到了久违的面孔,听到了久违的声音,都使劲地握着手,尽情述说相思的话语,手拉着手在"毕业20年再聚首"的条幅边照相,似乎要让这一刻成为永久;同学们都热烈地相互拥抱,在条幅上签上各自的名字,似乎想说:在一起,在一起,我们永远在一起⋯⋯

8月19日上午,同学们在中国地质大学校园参观,免费游览了中国地质大学逸夫博物馆,循着昔日的足迹,沿着校园宽阔的道路,参观了曾经的宿舍,又一起在校体育馆进行了篮球和羽毛球比赛,稍作休息后就拿着就餐券一起来到学生食堂排队就餐,体验当年的学生生活,吃一顿"忆苦思甜"的饭。学校的一草一木都勾起了大家美好的回忆。看到母校的变化及展现出的勃勃生机,大家都感到无比的自豪和欣喜,纷纷举起手机、相机,留下一个个美好的瞬间。正是:千里来寻故地,旧貌变新颜!

8月19日下午,同学们在水工楼418学术报告厅举行了情感班会。当年的工程地质数值法授课老师、现中国地质大学副校长、研究生院院长唐辉明老师,当年的班主任晁念英老师、张首丽老师,工程学院陈飞书记,环境学院李素矿书记,校友与社会合作李门楼副处长以及我们的原系党委书记张聪辰、蔡鹤生教授等十几位原任课老师应邀参加了会议。

情感班会由毕业20年周年聚会筹备委员会主任、工程学院工程地质系主任王亮清主持,王教授向大家介绍了到场嘉宾,并用一贯幽默的话语报告了本次聚会的筹备情况。然后大家一起观看了聚帮客公司为此次聚会精心制作的"毕业20周年再聚首"微电影,

20多分钟的微电影展示了同学们当年在校的生活、学习、实习片段和毕业20年来的巨大变化，寄托了浓浓的师生情、同学谊，引起了同学和老师们对往事的美好回忆和热烈反响，会场不时传出阵阵笑声。

来自中国葛洲坝集团的常福远代表组委会致欢迎词，他深情回忆往昔的学生岁月，为母校20年的巨大变化和取得的成就感到由衷的骄傲和自豪。他代表同学们感谢母校的培养，感谢老师的教育，祝愿学校早日实现

唐辉明副校长讲话

建成地球科学领域世界一流大学的宏伟目标！来自长江水利委员会的徐复兴、长江三峡集团公司的孙大鹏、中国铁路总公司的余雷分别代表曾经所在的1、2、3班发言。各班的同学代表讲话都表达了师恩难忘，同窗情长，并祝愿恩师们健康长寿，母校的未来越来越好！

校领导唐辉明副校长代表学校欢迎同学们返校聚会，并为同学们介绍了学校近年来的建设发展情况，希望大家牢记"艰苦朴素、求真务实"的地大校训，继续努力工作，取得更大的发展成就。同时希望同学们继续关注和支持母校的发展。

李门楼副处长代表地大校友会对同学们的返校表示热烈欢迎，简要介绍了地大校友会工作情况，同时倡议广大校友尽己所能回报母校，支持学校的发展！并代表校友会向每位同学赠送了2015年校友会《地大人》刊物和学校校徽。

工程学院党委书记陈飞、环境学院党委书记李素矿分别表达了两个学院对同学返校的热烈欢迎，并向大家介绍了两院的情况及水文地质与工程地质专业的演变，欢迎大家常回母校团聚。

水文系老书记张聪辰老师、班主任晁念英老师、张首丽老师和任课老师代表孟高头老师回忆了当年师生同甘共苦、情深意长的难忘岁月，感叹岁月如歌。老师们赠言：老师们永远爱着你们！同学们永远是老师的骄傲！

在同学自由发言阶段，来自国家科技部的岳焕印给大家分享了他近期主要研究的课题，希望大家能在环境保护方面的课题上合作。来自广西玉林政法委的邱靖给大家上了反腐倡廉的一课，希望同学们工作中遵纪守法，做清白人。来自上海的胡俊秀回忆了在学校和老师、同学们的一些往事，并提醒大家在打拼的同时注意身体，希望在50年后还可以再相聚。来自中南电力设计院的陈志杰、浙江大学的朱蓉等同学都表示：母校的培育为我们的成长奠定了基础，我们愿为母校的建设和发展贡献力量！

最后，毕业20周年聚会组委会主任王亮清教授宣布：我们毕业25周年聚会将在当年野外实习的地方——北京周口店实习基地举行，并和毕业25周年聚会组委会作了交

接。会议在嘹亮的《勘探队员之歌》的大合唱中圆满结束。

晚上,部分老师和全体同学一起参加了毕业20周年聚会宴会,同学们似乎有说不完的心里话,金杯高举,盛满激情,倾注希望,开怀畅饮,师生们频频举杯,互相祝福明天的日子更加美好!

8月20日—21日,有的同学参加了木兰湖景区游览,有的同学因为工作的关系提前踏上了归程,分别时大家都手拉着手,依依惜别,真是"聚也不易,散也不易,聚散两依依"。

人生难得是欢聚,唯有别离多,相聚虽然短暂,但瞬间即是永恒,2021年,我们北京周口店见!

武汉校友分会关爱新生入学秭归行

2016年8月21日,武汉校友分会在学校秭归实习基地举办关爱新生入学交流活动。校友与社会合作处副处长卢杰,武汉校友分会副会长熊友辉、王勇刚,共青团宜昌市委副书记陈姗姗,秭归县纪委书记周华玉,秭归县人大副主任李瑜,受资助的学生等相关人员参加了此次活动。

此次活动试点"1+1"全程导师制:5名受资助的即将就读于地大的秭归籍贫困生,每人将获得入学5 000元的奖励,并为每名新生配备1名校友导师,对他们大学4年的学习、生活、人生规划等进行全程指导与帮助。希望5名新生能够收获温暖,常怀感恩之心;砥砺前行,成为有用之才。

据悉,为更好地传承地大校友情,地大武汉校友分会决定,对每年考入地大的秭归籍贫困新生定向关爱活动将常态化进行下去,5年为一周期,以期将地大校友情一直传递下去!

交流活动现场

武汉校友分会的校友与受资助学生合影

1982级毕业30周年返校聚会第二次筹备会召开

2016年9月5日下午,1982级毕业30周年返校聚会第二次筹备会在出版社会议室召开。校友与社会合作处处长徐岩、副处长卢杰,1982级返校聚会筹委会成员代表等相关人员参会。

与会人员就返校班级的人数、食宿等事项进行了深入沟通,一致认为要同

筹备会现场

心协力完成筹备工作,为1982级校友们营造一个祥和、热烈的返校氛围。

京外百里 共聚涞源 畅叙地大情
——记中国地质大学北京校友分会一周年活动

为了纪念中国地质大学北京校友分会成立一周年,增进校友团结,促进今后工作更好地开展,经校友分会秘书处一个半月的精心筹备,2016年9月24日—25日,地大北京校友分会成立一周年活动在河北省涞源地区十瀑峡景区和空中草原顺利举办,百余名地大校友及家属参加了此次活动。地大(武汉)党委副书记傅安洲,校友与社会合作处副处长、校友总会副秘书长卢杰专程从武汉赶来参加此次活动,共同见证地大北京校友分会在过去一年所取得的成绩。

24日天微亮,校友们就早早收拾好行装奔赴集合点,3个多小时的车程却并没有让校友们感到丝毫的困倦,行车过程中的游戏互动、自我介绍为大家两天共同活动中的默契奠定了坚实的友谊基础。到达目的地后,分配房间、统一着装、集体午餐、分组团建,每个环节安排得有条不紊。

24日下午,在鲜红队旗的指引下,浩浩荡荡的队伍穿梭在美丽的十

校友们在景区合影

瀑峡,谈笑风生的校友们成为景区最靓丽的风景。

景区归来,校友分会成立一周年总结大会在常务副会长潘鸿宝的主持下拉开帷幕。

会议中,首先由校友分会副秘书长原晓艳向大家汇报了此次活动的筹备情况,校友

分会足球俱乐部代表何文博向大家分享了足球俱乐部的活动开展情况。

随后,北京校友分会会长林明杰同大家一起回顾了校友分会成立一年多来的工作开展情况。校友分会建章立制、完善组织架构,以各兴趣小组为依托,积极开展线上、线下活动。足球俱乐部坚持每周末训练,首次参加地大校友会组织的足球联赛就获得第四名的好成绩;单身俱乐部组织了多场单身联谊活动,引来了其他学校校友艳羡的目光;遥感俱乐部邀请学校校友、清华大学教授白玉琪亲自为大家普及遥感知识;等等。校友会各项活动开展得如火如荼,成果显著。林会长同时向各位与会校友汇报了校友会一年来的收支情况,活动经费公开透明,各项支出都经过严格审批,保证每一分钱都用在服务校友上。林会长希望今后能有更多的优秀校友加入到校友会的工作中来,推动校友会在校友帮扶方面发挥更大的作用。

总结会最后由傅安洲书记致辞,傅书记对此次活动表示了充分的肯定,认为地大精神在北京校友们身上得到了完美的展现和发扬。同时,傅书记向各位与会校友介绍了母校的近况,在2016年世界大学学术排行榜(ARWU)中,母校成功进入世界500强,多项强势学科排在了世界前0.5‰,在学术高峰上更进一步。在基础建设方面,鄂州市政府主动为学校提供3 000亩新校区土地,学校未来几年的发展蓝图令人向往。傅书记的讲话让每位在场的校友感受到母校翻天覆地的变化,自豪感油然而生,会场响起了一次又一次热烈的掌声。傅书记同时介绍了校友会其他兄弟分会的活动情况,希望各校友分会能

校友分会常务副会长潘鸿宝主持会议

北京校友分会会长林明杰发言　　　　　　　校党委副书记傅安洲致辞

够彼此交流，互通有无，将校友工作推向新的台阶。

总结会充分展现了本次活动的内涵，将整个纪念活动推向了新的高度。接下来的晚会让此次活动进入了欢声笑语的海洋。

在校友杨学政的主持下，节目表演、游戏互动、幸运抽奖等环节环环相扣、交相呼应，校友们喜笑颜开、掌声雷动。校友会邀请9月份过生日的12位校友共同上台，接受在场全

校友们在空中草原合影

体校友共唱《生日歌》的祝福，烛光与祝福为本次活动增加了一抹温情色彩。

25日上午，校友们驱车一个多小时爬过蜿蜒的山路，到达了空气清新的蔚县空中草原，草原上膘肥体壮的马儿自由驰骋，团结友爱的校友结伴前行，共同欣赏草原景色，感受草原特有的空旷与大气。值得一提的是，参加此次活动的还有6位"校二代"，最大的10岁，最小的2岁，全程表现十分抢眼，从头到尾不哭不闹，也没有说累，"带领"叔叔阿姨们走过一个又一个景点，地大精神在他们身上得到了淋漓尽致的展示。

25日下午，简单活动总结后，校友们乘车返京，校友分会一周年活动完美收官。

此次活动得到了学校领导和校友们的广泛认可，也得到了千叶珠宝以及潘鸿宝和郭生海两位副会长个人的大力赞助。

"艰苦朴素、求真务实"是地大人的标签，校友们无论分布在哪个行业，都在工作中秉承地大精神，脚踏实地，奋勇争先，为社会输入大批的优秀人才。地大北京校友分会将继续为在京校友做好服务工作，传递社会正能量、树立母校新榜样，共同祝福地大明天会更好。

全体参会校友合影

记忆涞源，梦回少年

——记中国地质大学北京校友分会一周年活动

2016 年 9 月 24 日—25 日，百余位京内外校友以及远在武汉的老师，欢聚在蔚县空中草原，共同庆祝中国地质大学北京校友分会成立一周年。大家沉浸在欢声笑语中，而此刻小编正在家中，被朋友圈/活动群/公众号的照片虐了千百遍。

这种事情，自然不会独享。多图预警，即使没有流量，哭着也要看完～

活动掠影——人物篇

By: 黄教练

先爆合照，知道你们都在找介(这)个

By: 杨红卫

TO: 親愛的夥伴們

二零一六年〈
九月二十四日

是那山谷的風
吹動了
我們的紅旗

只看图，不说话

By: 张一茜

是谁，在为谁，留下青春的纪念

By: 张磊

岁月易逝，激情不变。
区别只在于，今年，你的肉长在了我身上

By: 郝建良

不管日後路怎麼走
彼此老友角色似舊

合影，要不要这么美

By: 卢杰

别笑，走这个你说不定还不如我呢

By: 林明志

听老师讲学校的故事

By: 张俊媛

这么可爱的娃，给我来一打好不好

By: 卢杰

看,斑点马

By: 李任远

你们到底看到了什么,"辣么"(那么)开心

By: 宋爽

话说,杨导,这么妖娆,真的好么

活动掠影——风景篇

By：刘艳

不知道为什么，被刷屏的草原行的九宫格照片中，
这张占据了很多人拼图的中间位置

By：向烨

蓝天, 绿树, 向着山顶进发

By: 李军

潺潺流水

By: 潘鸿宝

谁说, 看红叶要去香山

By: 张磊

◀ 我会告诉你，这是朋友圈的盗图么

By: 赵正宏

红日

By: 刘艳

永远的格桑花

By: 张一茜

◀ 听那流水的声音

By: 潘鸿宝

活动第二站

咳咳，前方高能来袭，请大家共赏！

空中草原行有感
—— 赵正宏

一朝离校园，无不回首望。
兄弟姐妹一相逢，欢乐激情漾。
抒罢昨日情，又把明天望。
众人拾柴火焰高，无限风光靓。

山水地大情
—— 石欣雨

十瀑峡谷饮龙泉，空中草原揽骏马。
太行山脚汇群英，推杯换盏共良宵。

情　缘
—— 石欣雨

天高地阔了无痕，芳草绿树十瀑游。
同为地大繁茂叶，共聚涞源校友情。

再　聚
—— 李学飞

蔚县空中草原行，日隐迷雾俱朦胧。
千回百转归时路，尤忆今日校友情。

无　题
—— 魏海勇

大家工作都忙，能聚多亏会长，最是校友情深，十瀑源远流长。昨夜牛二好酒，相约互助互帮，今早草原辽阔，共祝地大繁昌。

致校友
——黄教练

我曾去过最高的山峰,也曾去过最大的盆地。

我曾去过辽阔的海洋,也曾去过无垠的草原。

去哪并不重要,重要的是和谁在一起。

校友会办公室参加第二期全国高校校友工作培训会

10 月 18 日—20 日,2016 年第二期全国高校校友工作干部培训会在北京师范大学召开,来自全国 84 所高校的 100 余位校友工作者参加了培训。

卢杰副处长率校友会办公室工作人员参会,并就校友会组织的大数据构建等内容与兄弟院校同仁进行了交流和探讨。

培训会现场

校友会赴长沙指导湖南校友分会成立工作

2016 年 10 月 21 日—23 日,学校校友与社会合作处处长、校友总会秘书长徐岩一行两人赴长沙指导湖南校友分会成立的相关工作。

在长沙,徐岩处长听取了湖南校友分会筹备负责人王依洲、刘启顺对前阶段筹备工作的汇报及与会校友代表们的发言。

徐岩处长在听取汇报和发言后,就湖南校友分会成立前期所做的准备工作给予了充分肯定和高度评价。对筹备组负责人提出的问题、顾虑以及建议给予了明确答复,对校友分会成立提出了指导性意见。

在长沙期间,徐岩处长走访了两家校友企业,就共同关心的问题进行了深入广泛的交流。

湖南校友分会筹备组负责人
王依洲校友(右)汇报筹备情况

徐岩处长(右一)与筹备组成员深入交流

校友会举办第八届校友分会会长/秘书长联谊会

2016年11月12日上午,中国地质大学第八届校友分会会长/秘书长联谊会在上海举行。学校党委书记郝翔、党委副书记傅安洲、校友会副会长邢相勤、中国地质大学(北京)党委书记王鸿冰、党委副书记姜恩来,南、北两校校友会秘书处、相关学院和职能部门代表,各地校友会会长、秘书长以及校友代表参加了会议。

与会代表合影

上海校友分会秘书长吕梁表主持会议。

上海校友分会会长金宗川致欢迎词。他说,母校关心校友,校友情系母校。校友以母校为荣,母校激励着校友们爱校、荣校、兴校。上海校友分会于2013年成立,一直秉承母校"艰苦朴素、求真务实"的校训精神,脚踏实地,积极努力,致力于将校友会建设得更好。他期待联谊会能够让校友们回味母校情、师生情、同窗情和校友情。

王鸿冰致辞。他向全体与会校友表示问候,对各地校友分会开展的工作表示敬意,并赋词"悠悠天宇阔,殷殷校友情",欢迎校友们"常回家"看看老师、看看同学、看看在校的学生。

校常委副书记傅安洲参会

邢相勤宣读 2015—2016 年度校友工作"先进分会"和"先进个人"的表彰决定，上海校友分会等 7 个校友分会获得"先进分会"称号，林明杰等 31 位校友获得"先进个人"称号。郝翔、王鸿冰为获奖校友分会和个人颁奖。

报到现场（一）

报到现场（二）

会议现场

郝翔（左一）为校友工作"先进个人"颁奖

上海、广东、湖北和北京 4 个"先进分会"代表发言，介绍了各分会的工作特色。

中国地质大学（北京）、中国地质大学（武汉）校友会秘书长沙淑清、徐岩分别作工作汇报。

中国地质大学（武汉）新校区建设指挥部综合部主任晋曦介绍了新校区建设的进展情况。

姜恩来宣布第九届联谊会承办单位为北京校友分会，傅安洲向北京校友分

上海校友分会姚正源介绍工作特色

会授旗，北京校友分会常务副会长潘鸿宝接旗。

傅安洲宣读《地质资源环境高峰论坛章程（草案）》，与会人员参与讨论并一致鼓掌通过。

郝翔高度赞赏了获奖"先进分会"过去一年的工作,他认为:上海分会建设有思路,活动开展有创新,工作推动有活力,大会报告有新人;广东分会建设有梦想,有规划,有行动;湖北校友分会建设细化分类,精准服务;北京分会建设严谨而活泼,细致且入微。应王鸿冰"悠悠天宇阔,殷殷校友情"的开幕致辞,郝翔书记续上一句"南北同携手,共成一昆仑",全场响起一片热烈掌声。

本次活动由中国地质大学校友会主办,上海校友分会承办。

校友会举行首届"地质·资源·环境"高峰论坛

2016年11月12日下午,由中国地质大学校友会主办、上海校友分会承办的首届"地质·资源·环境"高峰论坛举行。学校党委书记郝翔、党委副书记傅安洲、校友会副会长邢相勤,中国地质大学(北京)党委书记王鸿冰、党委副书记姜恩来,南、北两校校友会秘书处、相关学院和职能部门代表,各地校友会会长、秘书长以及校友代表参加论坛。

赵鹏大会长题词

上海校友分会会长金宗川向与会全体展示校友会会长赵鹏大院士的题词,该题词内容为:"脚踏实地,仰望星空,开拓创新,勇攀险峰,资源环境,地学支撑,普及提高,永无止境。"

郝翔致开幕词。他说,该峰会旨在促进和深化校友和母校事业协同发展、科技交流,组织学校、校友及专家学者开展对话,释疑解惑,同时建立学校、校友、校友单位及学术界、产业界的联系网络,为校友和社会之间日益扩大的合作提供服务。他希望与会校友畅所欲言,共同解决发展中遇到的科技、政策、项目、市场、技术等问题。

论坛分为"地矿之光""未来之路"和"创业之声"3个板块。

"地矿之光"主要开展地质环境资源领域及相关行业的学术探讨。北京发研工程技术有限公司董事长潘鸿宝主持该板块,中国地质调查局"一带一路"基础地质调查与信息服务计划专家组组长王瑞江、中国地质大学（北京）地球科学与资源学院博士生导师陈建平、中国地质大学（武汉）经济管理学院博士生导师於世为作主题发言。

"未来之路"圆桌对话

"未来之路"主要围绕地质环境资源领域及相关行业的实体经济开展分析思考。上海维固工程实业有限公司联合创始人陈磊主持该板块，北京城建集团副总工程师、鸟巢工程总工程师李久林，人福医药集团股份公司董事长王学海，无极道控股集团联合创始人孙政权和"点点客"创始人黄梦作主题发言。

飞旋（上海）环保科技有限公司联合创始人、上海校友分会秘书长吕梁表邀请在各地创业的"80后""90后"代表开展圆桌对话，发表"创业之声"，围绕就业与创业、科技研发、结构转型等问题，与受邀嘉宾开展了广泛而深入的交流。

"创业之声"圆桌对话

王鸿冰致峰会闭幕词。他高度赞扬了峰会上优秀校友们的精彩演讲，并激励校友们在各自岗位上砥砺前行，继续进步。

据悉，"地质·资源·环境"高峰论坛是由中国地质大学校友会发起，依托中国地质大学校友及校友分会搭建的地质资源环境及相关行业的交流平台和学术团队，属非营利学术交流协作组织。

福建校友分会会长卢禄华会后说，峰会是自家人一起说自家话的闭门悉心分享会，内容精彩、丰富，让刚找到组织的校友看到了各分会的温暖，让地学从业者看到了新时期的新机遇，让企业经营者看到了未来之路，让初创业者看到了偶像，让偶像看到了当年出发的自己。

3位校友荣获学校"优秀创新创业教育导师"称号

2016年11月17日下午，学校2016年本科教育教学工作会议在弘毅堂召开，孙政权、潘鸿宝、熊友辉3位校友在会议上被评为中国地质大学2016年"优秀创新创业教育导师"。

孙政权校友现为学校广东校友分会会长、无极道控股集团联合创始人，潘鸿宝校友

孙政权校友

潘鸿宝校友

熊友辉校友

现为学校北京校友分会常务副会长、北京发研工程技术有限公司董事长,熊友辉校友现为学校湖北校友分会秘书长、武汉四方光电科技有限公司董事长。

中国地质大学第十五届川渝校友联谊会在成都举行

中国地质大学第十五届川渝校友联谊会于 2016 年 11 月 19 日—20 日在成都召开。中国地质大学(北京)、中国地质大学(武汉)两地校领导姜恩来、邢相勤及校友总会秘书长徐岩、沙淑清出席了此次会议。

联谊会分两部分组成。

11 月 19 日下午举行了川渝校友联谊会足球友谊赛,友谊赛由 4 支球队参赛,队员们全是校友。他们是:四川四和建设工程公司代表队、四川佰瑞德地矿公司代表队、重庆开元地质勘探公司代表队和新希望地产代表队。

足球友谊赛开幕式由川渝校友会秘书长彭渭主持。

川渝校友会会长邵家斌致欢迎词,校友总会副秘书长卢杰到现场祝贺并讲话。

友谊赛经过抽签分为 A、B 两个组。经过 4 场激烈角逐,最后新希望地产代表队夺得冠军。

中国地质大学校友总会副会长邢相勤教授为冠军队颁发了奖杯。

11 月 20 日上午以"巴蜀地大人 共扬母校魂"为主题的第十五届川渝校友联谊会在激情高昂的《勘探队员之歌》的歌声中拉开帷幕。

4 支校友足球队

大会由川渝校友会副会长张明贵主持。

川渝校友会常务副会长张宏致欢迎词。中国地质大学(北京)党委副书记姜恩来致开幕词；川渝校友会秘书长彭渭在会上对2016年的校友工作进行了总结，并提出了2017年校友会工作设想。

与会校友们听取审议了《川渝校友会发展基金和秘书处工作经费管理办法（拟）》《川渝校友会联谊会轮值举办制度（拟）》《川渝校友会2017年度发展基金和秘书处工作经费捐赠倡议（拟）》《川渝校友会第十六届理事会成员名单（拟）》，原则上予以通过。

川渝校友会会长邵家斌宣布第十六届川渝校友会2017年11月在重庆进行，并将会旗授予重庆校友代表。

中国地质大学校友总会副会长邢相勤教授总结讲话。他说："我代表中国地质大学校友总会对此次会议的召开表示热烈的欢迎，对本次大会取得的成果和圆满成功表示祝贺。川渝校友会工作一直走在全国校友会工作的前列，每次联谊会都有亮点、有特色，川渝校友会充分发挥了'平台、桥梁、纽带'的作用，同时希望川渝校友会联谊会越办越好，真正成为校友之家。最后祝愿与会校友并通过你们向川渝的全体校友们问好！祝大家工作顺利、事业发达、家庭幸福、万事顺意！"

邢相勤副会长（右一）为冠军队颁发奖杯

副会长邢相勤讲话

与会人员全家福

会议期间,中国地质大学(武汉)校友与社会合作处处长、校友会秘书长徐岩与参会的部分校友就学校和校友们共同关心的问题进行了广泛深入的交流。

深度交流现场

任雁胜校友返校举行讲座

2016年11月27日,学校1999级校友、湖北省艾瑞博特机器人工程技术有限公司董事长任雁胜返校举行以《正青春,创未来》为主题的创业讲座。

机械与电子信息学院蔡建平老师致辞,并诙谐幽默地向大家介绍了任雁胜校友。随后,任雁胜校友从他的创业历程、创业心得体会以及广告盒子机器人现场招募合伙人3个方面来展开分享。在创业历程分享环节,他以自身创业的8个典型案例生动形象地介绍了自己如何发现商机、设计产品、铺开销路,并强调想要创业成功必须有敏锐的观察力以及一步步脚踏实地的信念。当分享自身的创业心得体会时,他结合向工厂推销机器人具体事例,告诉大家作销售要目光长远,不能只看眼前利益。针对在校大学生,他提出应全实专业知识学习并通过课外学术科技活动开拓自己的眼界,激发自己的创业、科研兴趣。

在讲座互动环节,任雁胜校友现场招募广告盒子机器人合伙人,并回答同学们的提问。整个活动历时约2个小时,现场气氛活

任雁胜校友现场招募广告盒子机器人

任雁胜校友举行讲座

跃,任雁胜校友讲授了很多销售和融资的技巧与方法,并为在校大学生更好地行走在创新创业的道路上提供了宝贵建议。通过本次活动,同学们表示受益匪浅,打开了创新创业的视野,增添了创新创业的兴趣。

不见浮云遮望眼,只缘又到"广深杯"

2016年12月3日,中国地质大学第二届"广深杯"足球赛第二场在深圳如期举行。

广州、深圳两队一早就在微信群呼朋唤友，开车的、坐车的、搭高铁的，齐齐聚集到球场。

深圳校友组织了有趣的欢迎仪式，所有人排成两列，队员们、领导们及拉拉队们分别从中间穿过，与每个人击掌，有种英雄归来的感觉。

比赛开始，广州队首发前锋"坦克"姜凯华、中场"旋转小王子"王俊、边锋"小火箭"刘志佳，原中后"铁闸"李耀鸿顶替不能前来的网红朱师姐担任龙门，左后卫人称"海油马拉多纳"汪生好原属广州现居深圳，技术好、卡位准，让人放心。

坐镇主场的深圳队显然对场地熟悉很多，一开场即展开抢攻，不给广州队适应时间，开场不到 10 分钟就破门进球。深圳队士气大振，觉得大举压上就是取胜之匙，但李耀鸿毕竟在门将位

中国地质大学第二届"广深杯"足球赛宣传幅

置是比朱师姐更厉害的存在，生生一个侧扑把近在咫尺的射门化解。

开赛前校友总会副秘书长卢杰老师(右一)
要求广、深两队赛出友谊、赛出风格

卢杰老师为球员们加油、打气

广州队的后场面对莫日清的突破，封堵过程忙中出错，禁区内被动手球，被裁判毫不留情地吹罚点球。然而这时候，李耀鸿再次展示了作为守门员应该具有的强大心理素质。一个往右的侧扑，再一个往左的侧扑，直接将点球压在了手掌之下。

下半场一开场，广州队只在一些位置上进行了微调，而深圳队貌似除了守门员都换了一遍，古天乐下，莫日清下，专门在后场防卫的马园上场，前场再换上一个壮壮高高微胖的哥们儿，玩起了无聊的长传冲吊。

深圳拉拉队的火辣表演，美不胜收

球员们合影

赛场掠影（一）

赛场掠影（二）

全体比赛成员合影

同时,双方全部派出赞助商,奥瓷陶艺韩德村学长和六六建工咨询的刘立华学长作为球队坚定的支持者,热情地参与了比赛,珠海赶来的刘星学长的球技与年轻人不相上下。特别值得一提的是,韩德村学长得到姜凯华送出的进球机会,兴奋难以言表。为自己喜欢的事情来回奔波劳碌,老了回忆起来,恐怕也不失为一件颇为痛快的事情吧。最后,深圳队获得中国地质大学第二届"广深杯"足球赛冠军!

赛后,校友与社会合作处的卢杰老师、地大广东校友会副秘书长李晓儒师兄为参赛队伍颁奖(李师兄可是广州队的忠实粉丝哦)。

踢完球聚餐,众校友欢聚一堂。感谢深圳校友,感谢本队队友、拉拉队和领队们。与你们在一起的2016年12月3日,开心极了。

加拿大校友分会理事会换届暨2016年圣诞联谊会举行

加拿大时间2016年12月11日中午,30余名地大加拿大校友及家属在加拿大多伦多世嘉堡区雅琼酒店举行了中国地质大学加拿大校友分会理事会换届暨2016年圣诞联谊会。

鉴于上届理事会数位理事生活发生变动,为了更方便地服务校友,全体与会成员商议中国地质大学加拿大校友分会举行换届改选。经大家一致同意并推举产生了新一届理事会,包括新、老8位理事:新一届会长为上届校友会副会长冯建德、新一届副会长即原理事胡一、秘书长张战波、副秘书长徐永清,以及陈建明、罗维稳、周现峰、林岚4位理事。

新一届中国地质大学加拿大校友分会理事会将继续坚持服务校友的宗旨,加强校友之间及校友和母校之间的联系,为母校的发展,为校友们在加拿大安居乐业贡献积极力量。

与会人员合影

会议现场

中国地质大学上海校友分会活动集锦

主要活动时间轴

时间	活动内容	时间	活动内容
01-02~01-03	苏州二日行踏青	07-16	万体馆攀岩活动
01-10	万体馆攀岩活动	07-16~10-02	游泳俱乐部8次游泳活动
01-16	足球队年会	07-30~07-31	莫干山二日游
02-28	徐江军美国骑观分享会	08-06	足球队上半年总结会暨新赛季球衣发布仪式
03-17	小酒馆校友求婚	08-20	徐江军徒步观分享会
03-19	桐庐大溪谷春游	08-21~10-15	骑行滴水湖、昆山、松江、阳澄湖等5次骑行活动
04-09	参加武汉校友会成立大会	08-27	罗贝尔上海告别赛
04-16~04-17	回母校参加校地大杯，卫冕	09-04	2016新校友迎新会
03-19~05-29	参加楚才杯，夺冠	09-11	校友连硕婚礼
03-26~06-25	参加北方高校联赛	09-17~11-13	全国高校上海校友足球联赛
04-23	2016上海年度中期总结大会	10-15~11-9	高峰论坛共5次筹备会议
03-27~06-19	全国高校上海校友篮球联赛，卫冕	10-15~12-04	高校上海篮球秋季联赛
06-29~07-10	推行会费制度	11-05	环浦东自行车赛
07-10	品酒会	11-12	地质资源环境高峰论坛

会费制度正式出台

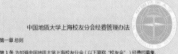

2015年9月经费管理办法出台，向上海校友公布	施行分级缴纳会费的办法	2016年6月29日，正式实施会费制度，总计收到会费82 799.98元

（实施中的亮点：有南京、杭州、合肥、广西、深圳、哈尔滨的校友向上海校友分会缴纳会费。）

官方平台讲事情严肃认真　　　　民间平台讲故事轻松活泼

公众号文章展示(122 篇文章,阅读量 19 300 次)

校友服务——走进校友企业、职位内部推荐、爱心服务

篮球队——中国高校（上海）校友篮球联赛成功卫冕

两年7分，不是技高一筹，而是精神顽强；不是战术高超，而是众志成城

地大校友的与众不同

队徽

粉色球衣

队徽印在球裤边

专属毛巾

China UG是CUG的创意新写法

十年再相聚

冠军戒指

26 场篮球赛事，座无虚席

37 场足球赛事，凝聚人心，勇夺冠军

宣传片

拉拉队硕、博、辣妈一应俱全（你们可能不懂球，但你们一定懂得地大）

骑行俱乐部——环浦东骑行赛，用遥远的距离诉衷情

联系密切　互动有力
——回母校参加"校友　地大杯"

G20 活动和 2016 校友大使聘任大会

首届"地质·资源·环境"高峰论坛

中国地质大学第八届校友分会会长/秘书长联谊会
地大人 2016年 暨首届"地质·资源·环境"高峰论坛

跨年夜的相守

2次春游，情系桐庐大溪谷和莫干山

2 次攀岩活动，再现地大校训精神

8 次咖啡论坛，续不完的同窗情

3 次品酒会，以酒会友，纵情高歌

徐江军骑行分享会

家庭聚餐，温暖校友心

看的不是电影，是心情

缘分天注定

离别前的不舍

校友风采

十年铸剑只为情系气象

——记武汉华信联创技术工程有限公司总经理龚杰校友

龚杰,男,1984 年 10 月出生,中共党员,武汉市优秀共产党员,东湖高新区第九批"3551"人才计划入选者。2006 年取得中国地质大学(武汉)地理信息系统专业学士学位,2015 年取得测绘工程专业硕士学位。至今,在气象软件开发、气象大数据信息服务、地理信息平台研发及应用方面有 10 年的开发经验和团队管理经验,并于 2014 年 7 月创办武汉华信联创技术工程有限公司。

脚踏实地　坚持默默奋斗

2006 年本科毕业后,龚杰结合自己的专业特长和优势,进入了地理信息行业龙头企业——中地数码工作,在这家企业,一呆就是 8 年。

这 8 年期间,从研发岗位到研发管理岗,一路走来,龚杰一直致力于 GIS 平台的研发、气象行业的 GIS 信息化工作。2010 年,带领团队在长达两年的时间里进行全国综合气象信息共享平台(CIMISS)项目开发,完成产品空间分析功能,为气象业务数据与地理空间数据叠合进行 WebGIS 展示,为行业用户提供气象信息接口。通过 GIS 空间技术的引入,使 CIMISS 平台更好地满足气象业务、科研和服务对气象信息资源共享的需求。如今,CIMISS 已在全国推广,这对于统一气象数据环境、气象数据和产品的空间分析及可视化发布具有非常积极的意义。

8 年的"抗战",虽然奉献了青春,牺牲了无数本该陪伴家人的时间,但也参与了众多不同行业的重大科研项目,攻克了许多棘手的技术问题,沉淀了技术实力和项目经验,得到了单位的认同和肯定。所以,付出的一切是值得的。

龚杰校友

情系气象　追求最初梦想

"用自己的技术能力创造出好产品,做别人做不到的。"从小养成的个性让他在面对选择时更加坚决。龚杰一直梦想着能大展身手,做自己最擅长、最想做的事情,最终,他作了大胆的决定——创业,于 2014 年 7 月创办了气象行业第一家混合所有制企业——武汉华信联创技术工程有限公司(简称"华信联创"),并担任法人总经理,专业从事气象平台开发、气象大数据服务及专业气象服务工作。

创业初期,凭借自己优秀的团队及良好的个人口碑,两年多的时间,逐步扩大市场份额,团队也从最初的不到 10 人发展到如今的 30 多人,形成了一支高素质、高技术、高凝聚力的专业团队。公司的市场从最初的华中、华北地区,逐渐扩展到华南、西南、东北等 15 个省、市。同时,为了增强公司的软实力和竞争力,公司规范管理、注重资质提升,通过了 CMMI3 认证、ISO 质量管理体系认证、双软认证,申报了 8 项专利、20 项著作权,获得了"武汉市大数据企业"等称号,并成为国家高新技术企业。

不忘初心　胸怀团队员工

在与龚杰的交流中,他谦逊地给自己贴了一个"草根创业"的标签,经历过儿时农村的贫困,也尝受过刚毕业那几年买房结婚的压力,自己能够走到今天虽然谈不上成功,但依然要感谢这 10 年来的坚持和身边默默支持的家人、朋友及同事。

交流中,龚杰感慨最多的莫过于他现在的团队,言语间透露出对团队的认可和自豪。2016 年 7 月武汉是连续的极端强降雨天气,团队成员为了保障省气象局气象监测预报业务,不眠不休地轮守在作业平面,确保及时准确地提供气象服务,没有半点迟疑,毫无怨言,不遗余力,得到了气象部门及相关政府部门的高度赞扬和肯定。

"滴水不成海,独木难成林",团队的力量是无限的。龚杰在招贤纳才中,充分考虑现在年轻人的需求,为他们提供高出行业水平的薪资,给出优厚的福利,营造轻松高效的工作氛围。为了吸引和留住人才,他不遗余力地在公司推行股权激励政策。他深知:只有凝聚众人的力量,团结合作,才能促成"众人种树树成林,大家栽花花满园"的壮丽局面。

放飞梦想　成就卓越企业

10 年铸剑只为炉火纯青,一朝出鞘定当倚天长鸣。10 年,对于我们来说意味着躁动,意味着跳跃,意味着可以不顾一切的岁月;对于龚杰,却意味着坚持,意味着信念,意味着无悔一生的付出。

气象行业的未来充满着惊喜,无论是企业还是个人,借助气象的魔法,都可以为使用者提供更好的服务,龚杰用他的身体力行和敏锐的洞察力,带领着团队深挖气象行业潜在的无穷价值,迎接气象元年带来的挑战。虽然创业之路艰辛而漫长,但相信华信联创一定会不断地突破和进取,用气象在史书中写下他们浓墨重彩的篇章。

(来源:龚杰校友)

记黄汲清奖获得者

—— 张启跃校友

张启跃,男,中国地质调查局成都地质调查中心研究员、教授级高级工程师(正高三级),南盘江成矿区贞丰和富宁地区地质矿产调查项目负责人,国土资源部罗平生物群野外科学观测研究基地主任。1970年生于云南省陆良县,1988—1992年就读于中国地质大学(武汉)(原武汉地质学院)地质系,1992年7月—2005年7月就职于云南省地质矿产勘查开发局区域地质调查大队,2005年8月调入中国地质调查局成都地质调查中心工作至今。他一直从事区域地质矿产调查和地质科学专题研究,先后参加和主持了国土资源大调查专项基金支持的1∶5万区调10幅、1∶25万区调8幅以及多个矿产勘探、地质科研项目。在重要学术刊物上公开发表论文54篇,其中包括在 *Nature Communications*、*Earth-Science Reviews*、*Proceedings of the Royal Society*、*SCIENCE CHINA：Earth Sciences* 等刊物中发表的19篇 SCI 收录论文。

张启跃于2011年获得国土资源部“‘十一五’科技工作先进个人”荣誉称号,2012年荣获国土资源部“青藏高原地质理论创新与找矿重大突破先进个人”称号,2013年获中国地质调查局地质调查成果二等奖(排名第五),2014年获中国地质调查局地质调查成果一等奖(排名第一),2014年度获得中国地质调查局、中国地质科学院地质科技十大进展(排名第一),2015年获国土资源科学技术奖一等奖(排名第一),2016年入选“中国地质调查局优秀地质人才”称号,并荣获第八届黄汲清青年地质科学技术奖(野外地质工作者奖)。以张启跃为首的罗平生物群研究团队获国土资源部“‘十二五’先进集体”称号。

近7年来,张启跃主要成就与贡献在于发现了罗平生物群并开展了卓有成效的初步研究。

1. 首次发现了罗平生物群,厘定了生物群地层时代,查明了罗平生物群的分布范围及生物组合面貌

二叠纪末期全球性生物大绝灭及其后的早、中三叠纪生态复苏、生物辐射事件是近年古生物学研究的热点。我国西南地区是研究三叠纪地层古生物的理想地区,已发现了三叠纪兴义动物群、盘县动物群和关岭生物群,上述动物群主要以海生爬行类为主,以及部分鱼类、海百合、双壳等,但其他动物门类如节肢动物等较为少见,未能全面反映三叠纪生态系统复苏和生物辐射的全貌。

张启跃在1∶5万区调过程中首次发现并命名了罗平生物群,随后开展了1∶2.5万大比例尺填图、精细地层剖面测制、牙形石详细研究、锆石同位素测年、大规模化石挖掘等综合调查和研究,查明了罗平生物群的分布范围,厘定了罗平生物群时代为中三叠世安尼期 Pelsonian 亚期,牙形石 *Nicoraella kockeli* 带,比著名的关岭生物群早约2 000万年。在同沉积的凝灰岩夹层中获得锆石 SHRIMP U-Pb 年龄为244.2Ma,揭示了罗平生物群是一个以海生爬行类、鱼类、节肢动物为主,伴生棘皮动物、菊石、双壳类、腹足类、腕足类、植物等10多个大类的海洋生物化石群,是目前已知化石分异度最高的三叠纪海

张启跃校友

生化石库之一。

2. 采获了大量罗平生物群化石,填补了我国三叠纪海生动物研究的空白

张启跃组织实施了3次大规模化石挖掘,在挖掘过程中逐层对化石进行了统计。其中大凹子剖面约20m厚的化石层位共划分了140多层,每一层都详细记录了各门类化石的产状、保存、与相邻化石的相互关系等信息。共采获20 000多件化石标本,已鉴定命名的化石有6门40属113种,其中32个新属种为罗平生物群中首次发现。这一发现提供了研究三叠纪海洋生态系统全面复苏和第三次生物大辐射的重要窗口,取得了一系列重要成果。

(1)首次发现了丁氏滇龙、张氏幻龙等海生爬行类及幻龙水下觅食遗迹,确立为全球中三叠世海洋生态系统全面复苏的标志。

丁氏滇龙(*Dianopachysaurus dingi*)的发现验证了肿肋龙起源于中国的生物地理学假说;张氏幻龙(*Nothosaurus zhangi*)是迄今已知的三叠纪最大的幻龙化石,在张氏幻龙被发现之前,巨型的顶级捕食者在中生代东特提斯洋是缺失的,当时生态系统的复苏在全球是否同步一直是科学界有待解决的一个难题,现在随着张氏幻龙的发现,他们认为安尼期东西特提斯浅海生态系统是同步复苏的。

由于海生爬行类在水下活动的遗迹很难保存为化石,对海生爬行动物运动方式的研究主要依靠形态功能学和与现生类型的对比,长期以来对其生活方式的认识一直较为模糊。张启跃首次在罗平县大凹子等地发现了上百对保存完好的海生爬行类足迹,定名为罗平双桨迹(*Dikoposichnus luopingensis*)并确定它们属于中生代海洋爬行动物——幻龙类在水下觅食所留下的足迹。研究结果显示这些爬行动物在海底移动依靠前肢协调触地向前,这是幻龙类海洋生物在水下运动模式得以发现的第一个直接证据,对研究海生爬行类的演化及生活方式具有重要意义。

(2)揭示了罗平生物群鱼类的多样性,发现并命名了云南龙鱼、高背罗雄鱼、罗平空棘鱼等鱼类新属种,提出了新鳍鱼类在中三叠世安尼期已经开始全面辐射的新认识。

罗平生物群的鱼类化石数量丰富且种类繁多,初步发现有5目7科21属26种,新命名的有21种,分别有古鳕类、龙鱼类、肋鳞鱼类、裂齿鱼类、半椎鱼类和空棘鱼类。在罗平生物群发现之前,国外学者根据欧洲圣乔治山的材料,认为新鳍鱼类的辐射始于晚三叠世拉丁期。罗平生物群中众多新鳍鱼类的发现说明新鳍鱼类在三叠纪安尼期就已经开始了辐射。罗平生物群鱼类研究的另一个重要进展是空棘鱼类。根据化石研究和现存的拉蒂迈鱼的解剖学研究表明,空棘鱼类是卵胎生,宽泪颊骨罗平空棘鱼卵胎生的标本是迄今为止最早的化石证据,把空棘鱼类卵胎生的化石记录由晚侏罗纪世提前到了中三叠世。

(3)发现并命名了罗平云南鲎、中华三指龙虾等节肢类新属种,填补了我国三叠纪海生节肢动物研究的空白。

由于化石记录的限制,此前对中生代节肢动物的认识主要来自侏罗纪和白垩纪,对三叠纪时期节肢动物的分异、演化情况的了解较为模糊,对节肢动物在二叠纪末生物大绝灭事件之后的复苏和辐射机制的研究基本上处于空白状态。我国三叠纪海生节肢动物的研究更是寥寥无几。

罗平生物群中发现了甲壳、螯肢、多足3个亚门6个纲8个目的节肢动物,已命名6个新属9个新种。节肢动物占了罗平生物群化石数量的90%以上,其中甲壳亚门包括十足目、等足目、叶肢介等,形成了庞大的节肢动物家族,展示了安尼期爆发性辐射的特色。罗平生物群中的许多节肢动物类型,如螯肢亚门肢口纲鲎类、多足亚门倍足纲千足虫类、等足目化石和龙虾类、原蟹类都是首次在我国发现。

3. 开辟了脊椎动物足迹研究的新方法,为今后类似工作提供了一个可借鉴的方法

张启跃成功地采用非接触式激光扫描仪的测量原理对罗平生物群2号采场原位保留的近$120m^2$的古生物足迹进行了数字化测量,采用大视场和小视场镜头交替使用的方法获取全场和单一足迹化石三维点云数据,再利用三维数据处理软件将两个镜头的三维数据进行对应的嵌入融合,最终测量结果既能全面记录足迹整体分布,真实反映古生物爬行运动轨迹,又能精细反映足迹局部特征。

4. 创建了集科普、科研于一体,具有国际影响的国土资源部罗平生物群野外科学观测研究基地

以张启跃为首的科研团队创建了国土资源部罗平生物群野外科学观测研究基地,成功申报了罗平生物群国家地质公园,有力推动了三叠纪地学研究和当地旅游业的发展,得到了国际古生物学会、全国地层委员会、中国科学院等权威机构和专家的高度评价。研究成果多次被中央电视台、《中国国土资源报》《中国国家地理》等众多国内外有重大社会影响力的新闻媒体所关注,为社会知识文明建设和科学普及做出了积极贡献。

(来源:成都地质调查中心)

创新寻求突破，实干成就梦想

——记武汉中仪物联技术股份有限公司总经理郑洪标校友

郑洪标，男，汉族，1979年10月出生，2001年毕业于中国地质大学（武汉）应用地球物理专业，2001年7月参加工作，高级工程师，上海城市排水系统工程技术研究中心专家，现任武汉中仪物联技术股份有限公司（简称"中仪股份"）董事长、总经理。

初识梦想，奋勇起航

郑洪标毕业后结合自己的专业和特长，就职于首钢地质勘查院（简称"首钢地勘院"），从事地质勘探相关工作，主要负责进口美国的地球物理勘探设备的检验及报关、地下管线勘探、雷达探测的工作。通过迅速的角色转变，他熟悉了国内外先进的管线探测技术与设备知识，同时也结识了创业路上的第一位启蒙老师。在首钢地勘院的一年工作中，他积极参与各个项目的勘探工作，凭借一腔热情参与地调工作，最长达到连续两个月的野外勘察，最终参与的中国科学院北京分院管线调查项目获得"优秀工程奖"。就是这样的付出为他在地球物理探测方面积累了经验，为发展定位管道检测事业奠定了基础。

2003年由于挂念家中年迈的父母，郑洪标回到武汉，就职于水利部长江勘测技术研究所，主要从事钻孔调查工作。对他来说，新的工作是一个新的挑战，但他迎难而上，负责南水北调丹江口水库地质环境调查项目，检测钻孔内地质超声及钻孔电视调查，经过一年的努力，此工程被长江勘测技术研究所评为"年度优秀工程奖"。在工作中，他发现检测钻孔内地质超声及钻孔电视调查的原理可以应用在管线内部检查中，于是他迅速联系自己在首钢地勘院的老师，阐述了自己对于管道检测的设想以及创业理念，得到了老师的认可与帮助。

天道酬勤，贵在坚持

2003年下半年，郑洪标开始了自己的第一份创业工作，利用自身的专业特性和前两份工作的积累，先深入自身熟悉的行业，从地球物理新技术、新方法、新仪器方向着手，进行地质及相关检测设备的开发。然而在创业过程中，他发现国内地质相关设备研发相对较成熟，大型号装备居多，投入研发成本过大。这一次的创业之路走得艰辛，却未能通向他心目中的成功之路。于是他在考虑市场容量以及国家政策导向后，最终确定将创业方向定位在市政排水管道检测设备的开发上，以地质设备为原型逐步向市政行业拓展，积极探索企业发展的新方向。2010年武汉中仪物联技术股份有限公司在他的期许下，带着二次创业的梦想成立了。

饮水思源，心存感恩

在中仪股份成立之初，公司仅仅为 3 个人的小团队，研发能力稍显不足，国内市场也还未完全显现，但是郑洪标坚信，排水管道检测这一市场是必然会迅速扩张，并最终成长为一个千亿体量的大市场。最初，研发工作任务繁重，团队人员为

郑洪标校友

了尽快研制出原型机，经常通宵熬夜，每一步的成功都凝聚了团队辛苦付出的汗水，大家虽苦，但乐在其中，为了共同的创业梦想，无怨无悔。功夫不负苦心人，经过 4 年的发展壮大，郑洪标所带领的研发团队的研发能力居国内前茅。对于团队，他一直心存感恩，在与他的对话中，他透漏，如果没有当初这些愿意一起打拼的团队成员，他不可能这么快就获得成功，不可能有信心再一次进行创业。为了鼓励共同打拼的团队，郑洪标采用技术入股的形式，通过股权激励模式运营，对整个团队进行管理。

扎根排水，各个击破

在经历了 2013 年后各大城市逐年升级的"看海"模式，郑洪标找到了企业快速发展的切入点，以服务市政行业为主导方向，主攻城镇地下管道检测与服务，以保障城市"里子"为己任，维护城市"面子"。他引领团队开始研发各类环境条件下能使用的检测设备，囊括了新管验收、应急检测、日常运营等整个管道生命周期。强大的集成性配以全国标准以及地方标准的智能判读输出，打破了用户对进口产品的"迷信"。企业经营业绩逐年攀升，平均年增长率维持在 80％以上，于 2015 年和 2016 年分别获得"光谷瞪羚企业"称号和"德勤光谷高成长 20 强"称号。2015 年 7 月中仪股份成为行业内第一家挂牌新三板的企业，正式迈入资本市场。而郑洪标并不满足于这一目标，设备迟迟不能出口、创新性不能超越进口产品这一问题一直挂在他的心头。

创新创业，走出国门

国内市场依然是以国外进口产品为最新技术导向，以国内模仿学习国外为主。尽管国内设备功能质量均能达到进口产品的水准，且生产成本更低，但由于专利限制，不能进行出口流通，这点令郑洪标如鲠在喉。

从 2015 年下半年开始，他决定加大研发投入，另辟蹊径，转变研究思路。经过长达

一年的不断努力,他终于在2016年7月推出第一套自主知识产权的管道检测设备,这一技术水平超过了目前国外同行。该设备成功问世后,将管道检测设备的故障率降低了80%以上,在国内市场反响强烈。该设备通过国际知识产权的申报,将以中国自主知识产权冲击国际市场,让其他国家也能用上"中国造"。在与郑洪标的交流中,能感受得到他对团队的这个研发赞不绝口。他说:"泰山不让土壤,故能成其大;河海不择细流,故能就其深;王者不却众庶,故能明其德。"水无点滴量的积累,难成大江河;人无点滴的积累,难成大气候。没有兢兢业业的辛苦付出,哪里来甘甜欢畅的成功的喜悦?没有勤勤恳恳的刻苦钻研,哪里来震撼人心的累累硕果?正是有了大家的付出,才有了收获。未来掌握在自己手中。人生好比海上的波浪,有时起,有时落,三分天注定,七分靠打拼。他相信,只要一直努力,一定会创造出属于自己的一片天地。

(来源:中国国土资源报)

为地灾防治献身的地质英才

——追记中国地质调查局地质环境监测院留美博士李祥龙

李祥龙出生于地质世家,耳濡目染地质队员的工作生活,使他从小就对地质科学产生了浓厚的兴趣。

18岁那年,他考入中国地质大学(武汉)工程学院工程地质系,本科期间加入中国共产党,毕业时以专业综合排名第一的成绩保送硕博连读,并赴美国留学一年。9年的刻苦学习、钻研,让他打下了在专业领域大展身手的扎实基础。

27岁那年,他进入中国地质调查局地质环境监测院工作,对事业的诚挚热爱,对工作的一丝不苟,对新知识的如饥似渴,对新理论的孜孜以求,让他迅速成为地质灾害防治的业务骨干。

2016年7月8日,他在国家级贫困县——甘肃省临夏回族自治州东乡族自治县进行地质灾害调查研究时,为了查明一个滑坡体的成灾机理,而推迟了回京与家人团聚的时间,在爬进探槽取样时,不幸被坍塌的黄

李祥龙生前照片

土掩埋,为地质灾害防治、为地质事业献出了年仅30岁的生命。在他殉职时,他的女儿刚满一岁半……

对科学真理孜孜以求,他在野外调查时遭遇意外

2016年7月8日早晨,洮河流域下游地质灾害调查监测项目组的同事们像往常一样围在一起吃早饭——粥、馒头、鸡蛋、咸菜,匆匆吃过饭,李祥龙就和项目组同事侯圣山,

实习生王冠兵、金文祥一起，前往东乡族自治县果园乡陈何村，对一处滑坡点进行调查。

按原计划，李祥龙此刻应该在赶往兰州机场的路上，傍晚，他就能回到廊坊的家中。自 5 月 23 日出野外以来，早就过了轮换时间，李祥龙却一直没回去过。同事们劝过他几次，这次终于说服了他。他决定回去，一方面是因为国土资源部与德国经济技术部之间开展的"兰州市地质灾害风险评估与管理"国际合作项目，需要他回去

李祥龙（右一）参加中德项目合作有关会议

做准备与沟通工作；另一方面，他确实非常想念父母、妻子，特别是年幼的女儿。可临回去前，他却变卦了。头一天晚上，他把机票改签到 7 月 9 日。他对同事说："我一定要看到陈何村滑坡的滑带，不然回去心里也不踏实。"

洮河流域下游处于黄土高原与青藏高原的接壤处，这里的滑坡灾害在我国乃至世界上都非常典型。东乡族自治县植被覆盖率低、地形破碎，地质灾害涉及面积占全县总面积的 80％ 以上。作为国家级贫困县、也是我国唯一的东乡族自治县，地质灾害成为当地群众脱贫致富的一大障碍。

站在果园乡陈何村的这处滑坡体上，巴谢河就在脚下流过。巴谢河左岸，古滑坡发育密集，几乎一个挨一个。而在 3km 外，1983 年曾发生过写入教科书的洒勒山滑坡，近 6 000万 m³ 的滑坡堆积物掩埋了 4 个生产队，278 人伤亡，毁坏农田 3 000 余亩。这些，李祥龙在读书时就知道。洮河流域下游地质灾害调查监测项目就是为了研究这些滑坡为什么发生、怎么发生的，为今后的地质灾害防治打下基础、提供支撑。可工作开展了一年多，一直没能确定控制滑坡的地层到底是哪一层。因为古滑坡时间久远，滑带模糊难辨，这对研究造成了极大的困难。

就在 6 月 10 日，陈何村发生了滑坡。这次滑坡，为李祥龙的研究提供了最新样本，有可能带来突破性的进展。项目组决定在这里调查、取样，布置钻孔。

第一钻打下去，岩芯并不理想。7 月 8 日，李祥龙来到陈何村滑坡点，先仔细观察了 1 号孔的岩芯，又到旁边的山沟里去看岩层。"应该就是这个位置"，反复比对后，李祥龙说，"到上面挖探槽取样吧。"

下午两点多，探槽挖好了。这时太阳正烈，蓝天中飘着几朵白云。李祥龙俯瞰脚下的土地和不远处的群山，一个多月来，他每天调查这里的滑坡、泥石流、崩塌、不稳定斜坡，几乎踏遍了巴谢河和广通河的山山水水。

按照安全规程，李祥龙让金文祥站在外面观察预警，自己和王冠兵下去。"我先下"，和往常一样，他对王冠兵说。带上安全帽，拿上地质锤，李祥龙顺着斜坡走进探槽，王冠兵拿着铁锹跟在后面。探槽里阴凉昏暗，两边的土壁比人高出 1m 以上。李祥龙向前走了几步，仔细观察应是滑带的地方。"奇怪，怎么出现砂岩了？走，我们先上去，到旁边再

看看岩层去。"说着,李祥龙转身,打算往外走。当他的身体刚转过 90°,面对探槽右壁时,前方头顶的黄土迎面坍塌下来。

金文祥在外面目睹了这一切,他说只一瞬间,根本来不及反应,两个人都不见了。幸免于难的王冠兵说,当时,他听到李祥龙的话,也准备转身往外走,身体刚转了一点,就动不了了,紧接着眼前一片黑暗。在黑暗中,在失去意识之前,他隐约听到李祥龙发出了两次声音,感觉李祥龙的右手动了几下。他刚想喊,就吃进了一口黄土。

在这极其短暂的时间里,李祥龙想到了什么,想说什么,我们永远无法知道。

在挖开黄土的过程中,大家发现李祥龙身体站得笔直,他左手拿着一把地质锤,贴在胸前,被黄土紧紧挤压在胸口上。压迫性窒息,医学术语如此定义他的死因。为了获取宝贵的第一手资料,李祥龙就这样被一场意外夺走了年轻的生命,而他还有很多创新的设想没来得及实施。他利用个人休息时间,研究、设计的区域地质灾害风险评估模型还没来得及完成。他几乎把所有的时间都用在学习和钻研上,并多次对家人和同事说,要想在工作上有所创新、有所突破,需要学习的东西太多了,感觉时间根本不够用。

李祥龙工作后承担的第一个项目是"哀牢山地区地质灾害监测预警"项目。高速远程滑坡在哀牢山地区比较典型,且破坏力巨大。为分析这种滑坡的致灾机理,李祥龙查阅了国内外大量资料,经过调查和分析,选取了两个有代表性的滑坡,对滑坡发生后的情况进行了数字模拟研究。研究所需的软件是他借鉴国际前沿方法所研发的,软件的使用方法也是他自己学习和摸索的。这一创新性研究丰富了"哀牢山地区地质灾害监测预警"项目的成果,对当地同一类型滑坡的防治具有借鉴意义。

中德两国合作开展的"兰州市地质灾害风险评估与管理"项目,自 2014 年开始筹划。李祥龙由于专业知识扎实、英语好,一直是中德项目的骨干力量,后来还被任命为中德项目的副负责人。平时与德方的业务沟通以及相关数据资料的收集整理、文件起草,都由李祥龙来承担;中德双方定期召开的视频会议,李祥龙是固定的发言人,代表中方与德国专家对话;在双方开展的联合考察中,李祥龙表现出的睿智、谦逊与和善,让德国专家都喜欢上了这个中国小伙子。进入 2016 年,中德项目顺利推进,李祥龙起草的合作方案得到了德方认可,双方进一步深化合作已提上日程,而他却再也无法参与其中了。德国专家听闻噩耗后十分震惊和悲痛,接连数日发来多封邮件表达惋惜之情。

在推进中德合作的过程中,李祥龙搜集了大量国外地质灾害风险性评估的数据、文献,努力掌握全球最新动态。有一天,他突然产生了创新的灵感:为什么我不能建立一个适用于兰州地区、适用于中国黄土高原地质灾害的风险评估模型呢?在国内,针对单体地质灾害的预警模型应用得较为广泛,而针对一个区域的风险性评估模型不是没有,而是普适性不强,也缺乏统一的标准。可是建立这样一个模型谈何容易,要开发软件,要考虑到各种各样的因素……李祥龙深思熟虑后,依然决定要做这件事。他满怀信心地告诉家人,模型建成后能够为院里申请到专利,如果推广开来,对我国地质灾害防治将有极大的帮助。

为了开发软件,李祥龙买来了好几本关于 python 编程语言的书,一有空就抓紧学习。就在前往甘肃之前,他还专门和同办公室的闫金华讨论,说他建立的模型已初具雏形,想找个计算机高手,请教一些关键问题……

地质精神一脉相承，《勘探队之歌》伴他成长

2013年10月26日，李祥龙和中国地质大学（武汉）的校友李慧，结束了8年的爱情长跑，在廊坊举行婚礼。就在他们手牵着手步入结婚礼堂时，现场响起了《勘探队之歌》。在场的亲友多是地质系统员工，大家先是感到意外，随后纷纷站起来，用手拍着节拍，有的还情不自禁地唱出声来，气氛非常热烈。

李祥龙出生在一个三代地质人的地质世家，可以说，是《勘探队之歌》陪伴着他成长。他的外公1952年参加工作，是新中国成立后第一代地质工作者。他所在的河北第三地质大队，长期在张家口地区开展矿产勘查，取得了丰硕的找矿成果。他的外婆也是地质队职工，小时候，外公、外婆常给李祥龙讲野外地质工作的故事，他每次都听得津津有味。

李祥龙的父亲李林庆毕业于郑州地质学校（现郑州工业贸易学校）。1981年，22岁的他被分配到位于廊坊的河北省区域地质矿产调查研究所工作。在那里，他邂逅了同为研究所职工的李祥龙的母亲李树琳，两个人相恋并组建了家庭。

李祥龙是在地质大院长大的。小时候，父亲经常出野外，海南、新疆、西藏，天南地北地跑，很少能陪伴他。每次父亲回家，李祥龙喜欢打开父亲的地质包，拿着里面的罗盘、放大镜玩，特别是父亲从野外捡来的石头，他总是爱不释手。很多个夜晚，他都是听着父亲讲述的野外工作趣闻而进入梦乡。

李祥龙（右四）参加四川北川陈家坝滑坡调查

李祥龙的遗物里，有他在野外使用的记事簿，翻开来，字迹工整清秀，每一张地质素描图都令人赏心悦目，甚至滑坡上的每一道裂缝都清晰地描绘出来。那些素描图，那些字迹，根本不像出自一个年轻人之手。这种踏实的作风，这份心静如水，无疑是从老一辈地质人身上传承而来。

关于学习，李祥龙从来不用父母操心。他的成绩在学校一直名列前茅，也是地质大院同龄孩子中的佼佼者。他的高考成绩十分优异，超过了不少名牌大学的录取分数线。但父亲却对他说："学地质。"其实李祥龙心里早就将地质行业作为一生的选择。

在中国地质大学（武汉）读书期间，李祥龙成绩优异，年年获得一等奖学金。本科毕

业前,他以专业综合排名第一的成绩保送本校硕博连读,师从著名滑坡专家唐辉明教授。图书馆、实验室,每个角落都留下了这个阳光开朗的大男孩默默读书、专心实验或者和同学热烈讨论的身影。

"这孩子越学越上瘾,假期根本在家待不了几天,就跟着老师去野外实习了。每次回来,我都感觉他又长进不少。"父亲说,李祥龙喜欢和他讨论地质问题,他扎实的地质学基础知识和对一些问题独到的见解,有时让身为教授级高级工程师的父亲都自愧不如,同时也感到深深的欣慰。

2011年,李祥龙在攻读博士学位期间,作为国内学生中的佼佼者,被公派前往美国华盛顿大学参加博士生联合培养研究。那一年,李祥龙几乎都是在实验室度过的。为了抓住难得的机会做好地质灾害物理模拟实验,李祥龙成了一名不折不扣的"工匠"。他从市场上买来水泥、木材、锤子、锯子等工具,自己动手,将自然界中的地质灾害做成模型在实验室内模拟。为了能够掌握准确的数据,他经常连续好几天通宵达旦地待在实验室里,一遍一遍地重复操作。他手上磨出了血泡,几个月下来瘦了十几斤。华盛顿大学的导师非常喜欢李祥龙严谨的科学态度和吃苦耐劳的精神,希望他留在美国继续从事研究工作,但李祥龙毅然选择回到祖国。

博士毕业时,北京电力、水利行业的几家单位向李祥龙抛出了橄榄枝,并为他开出了十分诱人的薪酬,但李祥龙都拒绝了。他对母亲说:"妈妈,我学了这么多年地质灾害防治,一定要做这方面的工作。我要为提高中国地质灾害研究和防治水平做出点什么,我觉得我一定能。"

参加工作短短3年时间,李祥龙以项目负责人、副负责人、课题骨干身份承担了10余个项目,在《岩土力学》《岩石力学与工程学报》《工程地质学报》国际工程地质大会等高水平期刊和会议论文集发表论文10多篇,并提交了多项项目成果报告。2014年,他被选拔为地质环境监测院青年英才。

李祥龙和李慧是在大学二年级结识的。他们并不像其他恋人那样形影不离,而是各自把主要精力都放在了学业上。学校距离东湖咫尺之遥,直到大四那年,他才第一次陪李慧去东湖岸边走了走。

但李祥龙并非不懂浪漫,并非不解风情。他送给李慧的第一份礼物是他用奖学金买的一个和田玉的平安扣吊坠。他说:"我们家三代搞地质,我相信石头是永恒的,送给你石头是因为想永远和你在一起。"

"李祥龙是个责任感非常强的人,在他身边,我一直觉得十分踏实",李慧这样评价自己的丈夫。尽管结婚以后,小两口一直两地分居。李祥龙要么在北京工作,要么出野外,李慧在廊坊工作,陪在李祥龙父母身边。出野外的日子不用说了,动辄一两个月无法回家。为了不让妻子担心,李祥龙一直说野外生活条件很好。他不会告诉妻子,自己在哀牢山地区,住在爬满虫子、无法洗澡的房子里;在黄土高原,水土不服、饮食不规律、肠胃长期不舒服。他每次传递给家人的,都是快乐和信心。

不出野外的时候,李祥龙每周五下午下班后赶往北京南站,坐火车回家,周日下午再返回北京。单位、单位附近租住的一间屋子、北京南站,这就是李祥龙在北京的3个点,其他地方他很少去,对北京一点都不熟悉。就算回家,他也每次都带上笔记本电脑,经常要处理一些紧急工作。家人劝他："周一早晨不是有趟早班车去北京吗，非要周日下午走干什么？"他说："周日回去还能准备下一周的工作，周一早上走就耽误工作了。"

女儿出生后，小家庭多了很多欢声笑语。李祥龙十分疼爱她，可由于工作原因，能陪伴女儿的时间少之又少。和同事们在一起，除了工作，李祥龙谈起最多的就是女儿。他谈起女儿时脸上洋溢的幸福，让每一个同事都印象深刻。李祥龙给女儿买了不少玩具，其中有一个带录音和播放功能的布娃娃。每次离家前，他都会给女儿录上几句话，让妻子每天放给女儿听。最近一次，他录的是："Hello，宝宝，我是爸爸。"这竟是他留给女儿的最后话语。

在他们家客厅的一面墙上，挂着 10 个小相框，如今有 9 个尚是空的。这些相框是女儿出生时布置的，本来打算放女儿的照片，记录她的成长历程。2015 年，李祥龙在德国考察地质灾害时，从鲁根岛给妻子寄来一张明信片，李慧将它放进了相框。李祥龙回家看到后，说："以后我或我们一起，每到一个特别的地方，就寄一张明信片回来，把这些相框装满。"

生活充满希望，值得憧憬，李慧对此坚信不疑，因为李祥龙是个让她放心、给她信心的人。就在 7 月 8 日中午，他们还通了电话，李祥龙说他明天就回去，这次回去一定好好陪陪孩子，带她们母女两人出去玩。李慧下午去超市买了李祥龙爱吃的食物，正在研究菜谱，电话铃声响起，噩耗传来。

李祥龙的家人于第二天凌晨，在临夏州人民医院见到了他的遗体。一个美好的家庭，在撕心裂肺的哭喊中，如黄土一般坍塌。他的父母支撑不住几欲瘫倒在地，李慧摸着他的脸说："不是说好的今天就回家么？"他的女儿连续哭了几个小时，怎么也哄不住……

在如此巨大的悲痛中，李祥龙的家人却说，要拿出一些钱用于东乡县的地质灾害防治工作，继续他未尽的事业。

严于律己恩泽他人，他用奉献书写无悔青春

李祥龙给女儿起名李成蹊。取自《史记》中的一句谚语"桃李不言，下自成蹊"，比喻为人品德高尚，用不着自我宣扬，就自然受到人们的尊重。而李祥龙用短暂的一生，为这句谚语做出了他的诠释。

李祥龙从小乐观、自信、积极向上、与人为善，他走到哪里，就把阳光般的正能量带到哪里。这些闪光的品质，一直伴随着他，造就了在老师、同学、同事、领导心目中，有口皆碑的李祥龙。

2011 年，李祥龙攻读博士学位期间，参与了一个灾后重建项目，并作为设计代表长期驻扎在现场。长时间，他一个人住在河边的小房子里，陪伴他的只有流水的声音。有一次，他到现场检查时，发现施工方偷工减料，施工质量与设计要求相差甚远。他十分生气，当场提出返工的要求。过了一会儿，施工方来了个人，笑眯眯地，要把一沓钱塞给他，被他严词拒绝。施工方看李祥龙"不识抬举"，就威胁说："别敬酒不吃，吃罚酒。这是我们的地盘，要是得罪了我们，你一个学生能走出去吗？"李祥龙没有退缩，他大声说："这是灾后重建项目，事关人命，你们偷工减料就是犯罪，我走不走得出去没关系，但是工程必

须要合格！"在场的所有人都被这个年轻博士的气势震慑住了，他们一个个目瞪口呆。后来，施工方知道碰到了硬钉子，只好严格按照设计要求返工。

在哀牢山地区开展地质灾害调查期间，李祥龙和同事常常要爬山，看到当地群众建在半山腰的破旧土坯房，他心里总不是滋味。有一次，他们进入一间低矮的房子，屋里仅有一盏煤油灯照明，阴暗潮湿，一双清澈的眼睛在屋里看着他们，那是个十一二岁女孩的眼睛，眸子里澄净的光芒，与这环境、与她身上破旧的衣服多么不协调。李祥龙的心灵被震撼了。经过询问，他知道女孩上初一，家里十分贫困，基本的生活费都难以负担。李祥龙立刻决定资助这个孩子，要来了家长的联系方式。从那以后，他每个月都往云南寄去几百元的生活费，尽管自己负担着房贷和家庭开销，手头并不宽裕。这件事情，李祥龙没跟任何人说，并嘱咐当时和他一起的同事，不必告诉别人。

他大学同宿舍的同学何晨辉写道："在我们专业的同学之中，李祥龙比我们少了一份迷茫，多了一份对自己信念的坚定。他身上散发着睿智、执著的光芒，生活充满着正能量，让我忍不住靠近。除了在生活上的帮助，他更多的是给予我心灵的充实。"

洮河流域下游地质灾害调查监测项目负责人王立朝说："祥龙不仅业务能力强，团队合作意识也很强。平时交派给他的任务，无论遇到什么困难都保质保量完成，从不给同事带来麻烦。他英语好，又留过学，搜集国外的文献很有一手。他经常在灾害室的QQ群里，发一些自己总结的国外期刊刊发的最新研究动态，和大家共享。"

和李祥龙在甘肃野外项目组同住一屋的陈亮说："在祥龙身上，我从来感觉不到一丝一毫的阴霾，只有对生活的热爱，对事业的执著。他在工作中对我帮助很多，有这样一个好哥们让我觉得真是人生幸事。"

地质环境监测院副院长田廷山说："祥龙专业知识扎实，悟性高、善于学习，更为难得的是他对工作充满激情，肯吃苦，肯动脑筋，能堪重任。领导信任他，同事爱戴他。同时拥有这些品质，在年轻人中是很少见的。"

7月11日，中国地质调查局党组研究决定，要总结挖掘李祥龙同志的先进事迹，作为"两学一做"学习教育和践行"责任、创新、合作、奉献、清廉"新时期地质工作者核心价值观的先进典型，组织全局干部职工向李祥龙同志学习。

在李祥龙的遗体告别仪式上，甘肃省临夏回族自治州委、州政府，临夏州国土资源局，东乡县委、县政府，东乡县及临夏州其他市（县）国土资源局等单位都敬献了挽联或花圈。东乡县副县长马进孝动情地说："李博士为了我们东乡百姓的生命和财产安全，不顾个人安危，到这么艰苦、这么危险的地方从事地质调查，工作认真负责、严谨踏实，这种精神让我们非常敬佩。李博士为了事业、为了东乡这片土地献出了自己的生命，东乡人民永远感激他！"

临夏州国土资源局局长宫少军说："李祥龙同志牺牲在工作岗位上，他身上表现出的奉献精神、工匠精神、创新精神，值得我们每个人学习。临夏州国土资源系统要以李祥龙同志为榜样，把向李祥龙同志学习作为'两学一做'学习教育的重要内容。"

7月18日，中国地质调查局地质环境监测院追授李祥龙为优秀共产党员，号召全院广大党员干部向李祥龙同志学习——学习他爱岗敬业、恪尽职守的责任担当，学习他勇挑重担、精益求精的创新意识，学习他任劳任怨、团结同事的合作态度，学习他艰苦朴素、助人为乐的奉献精神,学习他严于律己、克勤克俭的清廉情操。

采访过程中,记者眼前常常浮现这样的场景:一个阳光的大男孩,背着地质包,脚步轻盈地走来,他笑容灿烂,时不时和同事开句玩笑,可到了观察地质现象时,他又十分专注、一丝不苟,有时他走进山沟,对着远方豪迈地大喊一声,有时他爬上山顶,独自坐下眺望旷野,你走过去,他会转过头来看着你,脸上还是那灿烂的笑容……

可是,这一切都不会再出现了。李祥龙离去了。

李祥龙离去了,但他所献身的事业不会忘记他,他走过的山山水水不会忘记他,受过他恩泽的人们不会忘记他。李祥龙离去了,但他用一颗赤诚之心,用炽烈燃烧的生命,画出了无比壮丽、无比绚烂的一笔——这是投身理想的无悔青春,这是阳光下闪闪发光的高贵人格。

(来源:中国国土资源报　2016－08－30)

甘当油田开发一线"孺子牛"

——胜利油田分公司鲁明公司经理、党委副书记牛栓文

各位领导、同志们:

大家好!

我叫牛栓文,现任中国石油化工股份有限公司胜利油田鲁明公司(简称"胜利油田鲁明公司")经理、党委副书记。1996年6月,我从中国地质大学毕业,分配到胜利油田,长期在油气勘探开发一线工作。2001年6月,我光荣地成为一名共产党员,在入党宣誓那一天,党支部书记找我谈话:"小牛呀,入了党,对自己的要求就要更高了,要像老黄牛一样,老老实实做人,勤勤恳恳做事,在油田干出一番事业来。"15年来,书记的教导,伴随着鲜红党旗下的铮铮

牛栓文校友发表讲话

誓言,激励我坚守承诺,攻坚克难,用实际行动践行对祖国石油事业的无限忠诚。

面对公关说情,必须严以用权、恪守规矩

走上基层领导岗位后,来找我拉关系、办私事的人多了起来。在我这行不通,就打起我家人的主意。有一天回到家,我看到客厅里有个果篮,问妻子是咋回事?妻子说:"我同事媳妇上班离家远,想调个近点的单位,一直找我,我没敢跟你说。刚才我出去买菜,

孩子自己在家，同事见我不在，放下东西就走了，我回来才发现，果篮里有5 000块钱购物卡。"

我严肃地对妻子说："赶快把东西送回去，告诉他们，要是真有困难，单位会想办法，不要老想着托关系。"事后，我跟家人"约法三章"：一不插手单位的事，二不搞特殊，三不乱收礼。对此，家人都很支持，碰到来托关系、办私事的，都主动替我推掉。时间长了，孩子也养成了公私分明的习惯，从不打听我工作上的事，也没搭过一次我单位的"顺风车"。

规矩好守，亲情难却。在老家亲戚的眼里，我在油田当了官，可以跟着沾点光了。2011年，大姐的孩子大学毕业来找我，让我帮忙在油田找份工作。帮还是不帮？那天晚上，我躺在床上辗转反侧，思绪万千，母亲弥留之际的情景，老是浮现在我的眼前。当时，母亲拉着大姐的手说，她最放心不下的就是我，叮嘱大姐一定要好好照顾我。那时，大姐已经出嫁了，但仍像母亲一样无微不至地关心我，省吃俭用供我读高中、上大学。说实话，没有大姐，就没有我的今天。

从感情上，这个忙我应该帮。但我深知，党员干部对待亲情，既得重情重义，更得遵规守矩。帮助外甥，我可以用心、用情、用经验，就是不能用公家的权力。我决定，多给外甥一些经济上的帮助，鼓励他回老家创业。后来，我经常打电话找外甥谈心，帮他分析形势，传授经验，鼓励他发挥计算机专长，围绕工作编软件、搞创新。外甥没辜负我的期望，工作越干越好。看着外甥依靠自己打拼，有了自己的事业，大姐也慢慢理解了我当初的决定。

这么多年来，家人和亲友对我十分理解和包容，支持我坚守原则、恪守规矩，远在甘肃的父亲还时常叮嘱我："栓文呀，你在油田上班，就是公家的人，啥时候都要守好公家的规矩，干好公家的活！"父亲的话，更加坚定了我遵规守纪的信念：党员干部搞一次特殊，就会威信全失；破一次规矩，就会留下终身污点；收一次礼，就会变得一文不值。作为党员干部，我就是要心无旁骛地干净做事！

面对廉洁风险，必须从严管理、抓早抓小。

到胜利油田鲁明公司任职不久，一天，有一个服务商找到我，说要交流技术，可见面没说几句话，就把一个红包放在了我的办公桌上。我二话没说，抓起红包塞给他，推他出了门。人送走了，我却陷入了深思："我们公司是胜利油田社会化程度最高的油公司，大量业务市场化外包，干部员工要跟300多家社会团队打交道，这些人能来找我，也可能会找他们。作为公司经理，抓生产、创效益是责任，抓廉洁、防风险也是责任，绝不能因廉洁问题让干部员工栽跟头，让企业利益受损失！"

为了摸清业务外包管理中的风险漏洞，我了解发现，设备维修外包业务仍按传统方式运行，存在廉洁隐患。正如有的干部说的那样："我们现在是按工作量跟服务商结算，干了多少活、用了多少料、该按什么标准付费等10多个控制点，都靠我们考核验收。监控工作量大，还会面临着被拉拢腐蚀的风险，负责这块业务，我们如履薄冰。"

为了从源头上避风险、提质量、降成本，我组织子公司创新业务外包机制，从买工作量转变为买"服务质量"，合理下调维修费用，与质量指标一起捆绑"大包"给服务商，引导服务商靠提高服务质量、减少维修次数来换效益。

起初，服务商不理解，担心维修费少了挣不到钱。但试行一段时间后，他们对我说："这办法还真好，再也不用到处找人要工作量了，只要专心把服务质量搞上去，收入就有保障！"基层干部也深有同感："规则的改变，让服务商和公司坐到了同一条板凳上。来要工作量的少了，谈管理、谈技术的多了，不仅提升了

牛栓文校友指导工作

公司经营管理水平，也从根本上消除了干部员工的外部廉洁风险，我们基层干部心里踏实多了。"

2016 年 7 月，物资管理中心向公司汇报："'四化'①建设用的无缝钢管，有家供货商退出供货了，原因是我们公司质检比较严，供货商担心达不到质检要求"。像这样的事情，在公司已发生了不止一次。

这件事还要从两年前说起，那个时候，公司自主采购比例大，下属 10 多家子公司都能自己签合同，物资采购廉洁风险管控难度大。针对这一情况，我组织业务和监督部门，与油田供应处对接，将所有物资全部纳入油田统购范围，配套建立了物资采购招投标、质量检验等多项制度，明确了 150 多个风险控制点，逐项制定防控措施，扎紧防控廉洁风险的制度笼子。两年多来，公司采购物资近 3 亿元，没有出现一起违规问题，在胜利油田物资采购质量考核中多次排名第一。

有的员工说，我平时是个和气人，但碰到违反制度的事情，就成了"铁面人"。2014 年 12 月，公司内部审计发现，个别生产费用未按规定列入相应会计科目。按当时的规定，自行整改就行了。但我提出，违规问题必须抓早抓小抓苗头，要制定制度，从严追究。对此，有人不理解，劝我不要小题大做，别把人得罪了。我跟他们说："严管才是厚爱，只要能让大家时刻警醒，安全履职，我愿意唱这个'黑脸'。"

在我的组织和推动下，公司出台了内审外查处罚规定。制度出台 3 个月，就针对投资专项审计中发现的问题，对 7 名干部进行了处罚，并在公司网站的显著位置进行通报。这在干部员工中引起了不小震动，有人说："这制度还真是'高压线'，以后干活可要多看看制度，千万不能'触电'呀。"

面对困难挑战，必须勇于担当、保效创效

胜利油田鲁明公司所辖区块都是低品位、难动用油藏，是公认的"鸡肋"，分布在山东

①即指工业现代化、农业现代化、国防现代化、科学技术现代化。

省6个地市11个县区,是典型的"小、散、远",运行成本高,增产增效十分困难,其管理难度在中国东部老油田中也是数一数二。

2014年4月17日,组织安排我到鲁明公司任职,就有人提醒我:"你这次是碰到'硬骨头'了,可要有心理准备啊!"也就是从那时起,我就暗下决心,要破难题、谋发展,决不辜负组织和干部员工的信任。

上任不到一个月,我还在忙着了解公司情况,考验就来啦!有干部员工反映滨海管理区的桩23区块"四化"建设不管用,增加基层负担。说起桩23区块"四化"建设,那是胜利油田第一个建成投产的"四化"示范区,是用互联网思维推进老油田转型升级的"发动机"。

"发动机"怎么不管用了? 我了解发现,主要是基层干部对"四化"这个新事物心存疑虑,他们认为:"过去员工天天盯在井场,精细管理有时还落实不到位,现在坐在办公室里看监控,能把井管好吗?"他们心里没底,不敢优化重整工作流程,还靠老办法人工巡井管井,不仅没降低员工劳动强度,还增加了维护信息设备的工作量。看着新投产的设备发挥不了作用,干部员工心里着急,就找到我,希望我这个新任经理想出个好办法。

面对大家的期盼,我把办公地点搬到生产现场,和干部员工们一条流程一条流程地整合优化,一项制度一项制度地修订完善,一个数据一个数据地分析评价,手把手教干部员工从大数据中找关联、摸规律,重构了"四化"条件下新型油公司的体制机制。

"四化"实施两年来,员工劳动强度大大降低,有的员工说:"过去天天守在井上,有些问题还不能及时发现;现在看着监控,就能随时知道井上的大事小情,坐在办公室里管油井,还真有点'白领'的感觉。"基层干部也感到:"'四化'开启了油田精细管理的新局面,产量上升,成本下降,劳动生产率提高了68%,还为我们赢得了胜利油田现代化管理成果一等奖。"

作为公司的带头人,不畏困难、带头苦干是担当,抢抓机遇、敢为人先也是担当。

2015年,国际油价断崖式下跌,公司陷入前所未有的困境,保效创效的责任像山一样压在我们每个人的心头。但我深信,困难之中总有机遇。在公司保效创效大会上,我对大家说:"低油价是保效创效的压力,也是降本挖潜的动力。我们虽然是个小公司,但小公司要有大作为。我们要敢于当先锋、打头阵,一定要为油田提质、增效、升级闯出一条新路!"

"干效益活、产效益油",说起来简单,但效益账应该怎么算,如何才能分清哪些是效益油、哪些是无效油,哪口井该开、哪口井该关,哪些活该干、哪些活不该干,当时还没有成型的方法可借鉴。为了找到效益开发的新路子,我用了60多天,一个管理区一个管理区地跑,一口井一口井地看,一分钱一分钱地算,摸清每一口油井的效益状况。在此基础上,我带领干部员工将公司961口油井分为无效、低效、边际、有效4种类型,明确了"无效变有效、有效变高效、高效再提效"的开发策略,为每口井量身定做增效方案,创新建立分因素分层级经济运行新模式,不仅当年创效1 800多万元,更为集团公司老油田实施低成本战略提供了新方法。公司也因此荣获集团公司基层单位成本管理优秀项目奖。

创效保效要求我们不仅要当好采油人,还要当好卖油人。胜利油田鲁明公司所辖区块分散,原油外销依靠邻近采油厂管网系统,按4种价格对外销售。我组织干部员工对产量结构、销售时点、销售渠道进行动态优化,最大限度提高原油销售创效能力。2016年上半年,公司创效增效 6 000 多万元,为胜利油田战寒冬、求生存、谋发展做出了应有贡献。

20 年来,石油开发战线的奋斗经历使我深深感到,党员干部就要做一头"孺子牛",始终把忠诚记在心里,把规矩装在脑中,把勤业担在肩上,带头苦干、科学实干,竭尽全力为国家献石油,为企业创效益,这是共产党员的光荣职责,也是我们石油人的共同梦想!

(来源:牛栓文校友)

让人人喝上健康水
——记环境学院博士生彭浩

彭浩,男,中国地质大学(武汉)环境学院博士,中国青年科技工作者协会会员,湖北省归国青年发展促进会会员,全国首届"最美青年科技工作者",光谷"3551"计划创业人才。

"创业梦,也是中国梦的一部分。当前国家大力提倡大众创业、万众创新,我们大学生也不能做改革的旁观者。"在参加"寻找最美青年科技工作者"活动中,彭浩说。

大巴山下,与水文地质结缘

彭浩的家乡在四川大巴山山区,在那里,传统农牧业污染了地下水。上大学前,彭浩常听闻亲友患癌症去世,这些不幸深深触动了彭浩。

这份触动,让彭浩在高考时填报了地下水科学与工程专业,从此便与水文地质结缘。

从大二开始,彭浩就开始在老师的帮助下开展课余科研,艰难的实验研究之后,他逐渐入迷了。那段时间,彭浩几乎每天都有近 17 个小时泡在实验室。清晨 6 点,当室友们还在梦乡中时,他已经早早到了实验室,一直待到晚上 23 点宿舍楼关门,有时候为了把实验做完,干脆住在了实验室。

对科研的执著,让彭浩在本科阶段已经开始在国际会议上发表论文,至今共发表论文 5 篇,申请国家发明专利 21 项,其中 15 项国家发明专利已经授权,并获得山东省科学技术进步二等奖。2013 年,他获得了全国"挑战杯"竞赛二等奖,湖北省"挑战杯"竞赛特等奖和二等奖等多项荣誉,被评为"中国地质大学优秀研究生标兵"。

博士生彭浩

2014 年,彭浩入选了"全国最美青年科技工作者",是唯一一位入选的在校大学生。

创立团队，积水而为海

彭浩感受到了课余科研对本科教育的重要性，为给更多同学提供课余科研平台，2011年，他创建了积水团队。

团队刚成立时，经费捉襟见肘，家庭经济条件并不富裕的彭浩主动掏出自己的国家励志奖学金给大家买实验器材。因为缺乏经验，他们常常为了买一个材料往返校内外数趟。

有一回，彭浩和伙伴们带着1.8m长的有机玻璃板准备去做产品模型，却被公交司机拒绝上车。当时正是武汉最热的8月份，但彭浩依然没舍得打车，在烈日下等了两个多小时才等到愿意载他的公共汽车。从此以后，他和团队形成默契，节约每一分钱做实验。

为了节约时间，实验室成了彭浩的第二个"家"。他常带着团队成员几天几夜地通宵做实验。团队成立的3年里，彭浩带领着大家取得了一系列佳绩，团队从十几个人，发展到了百余人，9成以上学生保研深造，8成学生都获得奖学金，5位同学荣获"全国水利优秀毕业生"和"未来水利之星"称号，并且获得"创青春"全国大学生创业大赛1金2银等各类荣誉。

如今，积水团队的人才培养模式已在学校进行了推广，越来越多的本科生加入到了科研创新中。

勇涉创业，不做改革的旁观者

在搞科研的同时，彭浩始终不忘父老乡亲深受水污染之苦。他带着团队到广西、新疆、山东等10多个省市进行了采样，研究水质演化过程。

经过3年的努力，彭浩和团队成员终于研发了基于地质材料的水处理技术，并受到了水文地质学家袁道先院士的公开推荐。目前，该技术已获7项发明专利授权。为了尽快让研究成果飞到寻常老百姓家里，2014年4月，彭浩创建了武汉中地水石环保科技有限公司。

创业初期，因为不知道如何快速打开市场，他们几乎屡战屡败。随着时间推移，团队的信心开始动摇，从最初的16人团队一下子锐减到7人，剩下的伙伴也告诉他不确定什么时候也会离开，一夜之间，彭浩几乎沦为一个"光杆司令"。这个时候父母也开始反对他创业，每天打电话劝他放弃。

创业的不顺、亲人的不解、伙伴的离去让彭浩感到非常绝望。但是他决定即使到最后只剩他一个人，也必须要坚持。

于是，彭浩与伙伴一起背着产品去找客户免费试用。如果客户试用得不满意，他就不收取费用，并且保证24小时免费上门服务。慢慢的，他们赢得了更多的客户。

为了方便合作，彭浩和创业伙伴租房住在了一起，每天晚上和伙伴们讨论到凌晨两三点。因为房屋只有两个卧室，他就打地铺。当时团队成员每月只有400元工资。看到小伙伴们的日子过得拮据，他把自己的研究生国家奖学金掏出来给大家当生活费，却从来没有给自己发过一分钱工资。

与海尔资本战略融资签约现场

就这样，坚持到了 2015 年底，公司的销售额开始有所起色，公司产品获得了"中国好产品"全国八强、中国国际工业博览会优秀展品奖等荣誉，在中国创新创业竞赛总决赛中也获得了"优秀企业"的称号。彭浩本人则入选了光谷"3551"人才计划，获得了武汉市黄鹤杯高层次人才创业项目大赛一等奖。目前产品已经销售到了中东和北美等国外地区，在市场上取得了良好的口碑。2016 年 7 月，公司获得海尔资本的战略融资，成为海尔生态圈企业。

但彭浩的环保创业之路还不止于此。他希望通过努力把公司做成一个榜样，做好一个先行者，激励更多的人参与到创新创业中来。

心系公益，让人人喝上健康水

当彭浩多次在各地辗转时，他甚至没有留意到自己的事迹已经先后被《人民日报》《中国青年报》《中国国土资源报》《中国教育报》《湖北新闻》《中国科技人才》等多家媒体报道。

在彭浩参与水文地质调查项目时，彭浩发现当前很多农村地区饮用水问题非常严重，乡亲们无奈和绝望的眼神一直印在他的脑海里，时刻鞭策着这个年轻的小伙。

公司成立后，彭浩一直不忘初心。为了让人人都能喝上一杯健康水，在融资的时候，彭浩只给投资方提出了两点要求："一是每年捐献一部分产品做公益，二是设立'积水'奖学金帮助贫困地区的学生。"

2014 年 7 月，第一批净水器产品生产出来后，彭浩发起了"杯水行动"将这些产品全部捐献给了甘肃的窖藏水地区。2015 年 6 月，彭浩将一批净水产品，捐献到 30 多所小学。

作为一个水文地质人，对于他而言，"创新创业，都不是为了挣钱，而是一份科技工作者的责任和良心"。

彭浩希望号召更多的人加入到水公益事业中来，让更多的人喝上健康水，将受益地域由西北逐步扩展到全国。

记黄汲清青年地质科技奖获得者

——1989级地质系王强校友

王强，男，1971年1月出生，湖北当阳人，岩石学专业，中国科学院广州地球化学研究所研究员、岩石学学科组组长、博士生导师，现任同位素地球化学国家重点实验室常务副主任、*Mineralogy and Petrology*、*Solid Earth Sciences* 和《岩石学报》副主编以及 *Lithos*、*Tectonophysics*、*Journal of Earth Science* 等期刊的编委。1993年—1998年毕业于中国地质大学（武汉），分别获得岩矿专业学士和岩石学专业博士学位；1998—2000年在中国科学院广州地球化学研究所做博士后论文；2000年11月留所工作至今，期间曾到悉尼大学、科廷大学、台湾大学以及日本海洋科学与技术中心地球演化前沿研究所进行访问和开展合作研究。

王强校友

王强2010年获得"国家杰出青年基金"，2014年入选国家创新人才推进计划"中青年科技领军人才"，2015年入选中国科学院"百人计划"和广东特支计划"中青年科技领军人才"，2016年入选国家"万人计划"。曾经先后获得"Shen-Su Sun Award"（孙贤鉥奖）（2007年）、"侯德封奖"（2008年）、"青藏高原青年科技奖"（2009年）、"中国科学院杰出青年"荣誉称号（2012年）、中国科学院"优秀研究生指导教师"称号（2013年）与"朱李月华优秀教师奖"（2015年）、"黄汲清青年地质科技奖"（2016年），以及广东省科学技术一等奖2项（分别排名第二（2009年）和第五（2011年））等。已发表论文124篇，其中SCI论文83篇（第一和通讯作者论文53篇）。论文SCI他引3 308次（第一作者论文他引1 741次），4篇论文入选ESI全球高引用率"TOP 1‰"论文，入选ESI全球地学和爱思唯尔"2015年高被引科学家"[①]榜单。

他从事岩石学、地球化学和地球动力学研究，曾11次深入藏北羌塘、可可西里和昆仑无人区进行科学考察，在埃达克岩成因、成矿及青藏高原隆升、洋脊俯冲和地壳生长等方面取得了一些重要成果和认识。

（来源：王强校友）

---

① 被引文献的作者叫"被引科学家"，如果这些科学家的论文被引用的次数很多，则叫"高被引科学家"。

维吾尔族姐妹花的公益之路
——记2004级校友尤丽都孜和库妮都孜

她们曾经穿着舞鞋在华丽的舞台上旋转跳跃，她们曾经跨过高山大海去美国攻读博士学位，不断攀登人生的高峰。如今她们放弃留在北京的机会回到新疆，成立了新疆青少年发展基金会玉兔慈善基金，专门帮助那里的妇女和儿童。她们就是尤丽都孜·司地克和库妮都孜·司地克（简称"尤丽都孜和库妮都孜"），是学校与美国宾夕法尼亚州立大学联合培养的在读博士生。一对维吾尔族双胞胎姐妹，用爱心描绘了人间最美丽的画卷。

近日，她们成立的玉兔慈善基金"助学新疆百位大学生"公益项目成功筹集善款53万余元，资助100位大一新生每人每年5 000元奖学金，帮助他们开启了充满希望的大学之旅。2016年8月，记者远赴新疆，采访了这对满怀爱心与梦想的姐妹。

种梦：大学舞台展英姿

尤丽都孜和库妮都孜来自新疆乌鲁木齐市，姐妹俩从小喜欢跳舞，为了自己的舞蹈梦想而努力的信念支撑着姐妹俩勤学苦练。她们6岁开始去少年宫练舞，之后特招考入新疆艺术学院舞蹈系。2001年，姐妹俩在完成中专学业后，被当时的中国歌舞团选中，成为专业的舞蹈演员。在舞台上，她们展示了维吾尔族舞蹈，圆了少年时的梦想。

"在中国歌舞团的两年过得很充实，但我们总觉得自己在文化修养方面不足、知识浅薄，因为一直以来接触了很多文化，出国后语言不通也是个很大的阻碍，这让我们有点失落，我们又决定去学习。"尤丽都孜说。2003年，姐妹俩辞职回到乌鲁木齐专心学习，准备参加3个月后的全国高考。在黄河科技大学读预科班时，她们发现，英语和数学是她们面临的最大障碍。

尤丽都孜（右）和库妮都孜（左）在进行宣讲

尤丽都孜说："上预科班时，每次宿舍熄灯后，我们总是拉着帮我们辅导功课的同学在楼道里复习，我记得那些数学题目，我当时连看都看不懂，学着学着就开始哭，因为觉得太难，好无助。"在坚持不懈的努力下，2004年9月，姐妹俩顺利考入中国地质大学（武汉）外国语学院，开始了大学生活。

考上大学后，姐妹俩发现真正艰难的日子才开始，大一第一堂英语课，老师就用英语讲课，库妮都孜发现自己完全听不懂。"之前在舞蹈方面，我们得到的都是荣誉，但到了大学里,我们成了最后一名,连'what's your name?'都听不懂。"尤丽都孜说道。

为了追上同学们,姐妹俩每天早上5点起床,到没人的地方跟着收音机里播放的英文大声朗读,除了吃饭、睡觉、走路外,所有的时间都用来学习。姐妹俩的辅导员龚松林是当时少数能分得清姐妹俩的老师,他告诉记者:"姐妹俩虽然基础有点弱,但很有上进心,学习非常刻苦。"

在老师和同学的帮助下,经过不懈努力,姐妹俩与其他同学的差距开始缩小,然后是平行,直至超越,第一个学期就考了60分。因成绩优秀,姐妹俩学费减半,还拿了奖学金。2008年,她们的本科毕业论文都得了"优",并以"创新人才""学科交叉"的身份成功保研,分别就读于经济管理学院资源产业经济专业、资源学院资源管理工程专业。

尤丽都孜和库妮都孜在和田进行调研

2010年,学校大学生艺术团赴美访问进行文化交流,姐妹俩荣获美国国会特发的"嘉奖"证书。同年5月,通过硕博连读考核答辩,她们成功申请到学校和美国宾夕法尼亚州立大学的联合培养博士资格。

公益不分国界,不分种族,每一个参与其中的人都可以感受到帮助别人的快乐。在美国期间,她们还参与了北京朋友组织的为新疆阿图什一个小学捐赠图书的活动。2013年10月,在完成了美国学业后,尤丽都孜和库妮都孜带着对公益的全新理解回到了北京。她们越来越清晰地认清自己想要什么,内心也变得越来越强大。

追梦:一场根植于心的行动

尤丽都孜和库妮都孜从小就非常有爱心,她们告诉记者,小时候妈妈带她们去南疆的村子里生活过,那里的人们生活很艰苦,妈妈告诉她们,要把好的东西和别人分享,尤其是给那些贫困家庭的孩子。

2013年11月,姐妹俩在腾讯公益平台上了解到库车老人尤努斯·阿布拉23年背着患脑瘫重症的儿子牙库甫在全国奔波求医的故事,想为他们捐款却发现该项目因捐款数额已满而关闭。爱探究的库妮都孜辗转联系到了尤努斯并对捐款落实情况作了核实。她觉得通过这样的网络公益平台帮助更多的人是有效、管用的,她们也想借助该平台去做些公益项目。

2015年3月27日,姐妹俩为渴望光明的新疆小女孩穆开代斯专程去北京的腾讯公益慈善基金会寻求帮助,基金会对姐妹俩的爱心给予了肯定和支持。2015年3月,作为新疆维吾尔自治区粮食局的第二批住村干部,尤丽都孜和库妮都孜的父母赴阿克苏地区柯坪县玉尔其乡住村。通过父母,尤丽都孜和库妮都孜在得知了这个贫困县适龄失学儿童较多后,决定回到新疆,投身公益事业。

公益事业的发展。尤丽都孜说："全世界都尊重知识，只有我们自己变得优秀，变得强大了，才能得到别人的尊重。"

目前，尤丽都孜和库妮都孜正在等待博士论文的答辩。"公益之路我们会继续走下去。"姐妹俩异口同声地说。

（来源：地大之声　2010 - 10 - 10）

"水神"陈国南：为民义务寻水四十载

——记 1961 届毕业生陈国南校友

福绵区成均镇岭肚村，在一处老宅后面的农家小院里，一位老人正蹲在菜地里，用他那双长满老茧的手一丝不苟地拔着草。

看到记者，老人用手在膝盖上一撑，半弓着腰慢慢站了起来，拍拍手上的泥土，连连微笑："到房子里坐吧。"

记者打量了一下，这是由 5 间泥坯房围着一个小天井构成的小四合院，房子里里外外被粉刷一新，房梁也都用红漆刚刚漆过，房子虽然老但显得整洁。

面前的这位老人，看起来只有 60 开外，脸上始终挂着微笑，穿着一身不太合体且看起来有些年数的毛料外套，身板很直，走起路来像一阵风。他就是闻名区内外、被人们称为"水神"的陈国南老先生，今年已是 83 岁。

"我是 1956 年考上中国地质大学的，那是一所由北大地理系和清华地球物理系合并而成的大学，李四光教授任我们的老师……"毕业后成绩优异的他被国家安排跟随苏联专家开展地质工作。说起当年，虽然往事已过去半个多世纪，记者依然能感受到老人家的幸福感。

"陈老师在家吗？"正聊得起劲之时，两位老乡拿着水果一路呼唤走了进来。原来上个月这位何姓老乡请陈老先生去帮忙看水，现在水井打好了，想请老人家去看看水质。

在邻村何家后院，随着人工水泵摇动，清澈干净的井水哗啦啦地流了出来。陈老用手捧起水放进口中品尝了起来，几分钟后不住地点头说："好水。"

都说老人找水的方式很特别，找一个高的地方站着从高处往下看，然后往某处一指："在这里打下去 27m 就有水了。"好多老乡不信，但越来越多的人家都打出了水，于是不得不佩服、称奇。

其实，这些判断都是建立在地质学基础上的。"有了大体的地理地貌分布，具体再看当地的土壤、石、水，分析判断是否被破坏了，再看是受什么地质作用、风化的情况，再尝水，这质地就能显现出来啦。"他呵呵笑着说。

看似说得轻松，其实这些知识课本上根本就没有，只能依靠长年的实践得来。陈老透露，当年跟老师李四光学习时以及工作后的那些年，他掌握了很多地质构造、水源分布方面的知识。40 多年来，他分文不取，靠着这些"地质圣经"，并根据实际摸索、积累，给人找的水源准确率达到了 97% 以上。

"这些就是典型的玄武岩了，岩石风化，里面的水释放出来，或地表水经过渗透而来

虽年过八旬，但陈国南依然喜欢
在山间野外工作的感觉

得到过帮助的老乡带着礼物向陈国南表示感谢，
但都会被他拒绝

每天看书看报了解外界资讯是陈国南的必修功课

陈国南在工地查看、分析打出来的岩石样本，
以便更快地确定水源地

老乡们打好井后，陈国南都要来
尝一口，每当这时他内心充满了
自豪感

陈国南不管到哪，心中总离不开水

的水,质地很好……"在六万山腹地的将军峡谷,陈老指着溪水飞瀑里裸露着的黑色岩石滔滔不绝地说起来。

陈老告诉记者,这是弱碱性水,水质最好。一家桶装水生产企业就在附近取水。前几年,这个水源也是他帮着找到的,"只打了十几米就有源源不断的泉水涌出来了"。

正说着,请陈老找水的电话又响了起来。电话那边告诉他,他们现在正在打井,想请陈老去看看刚打出来的岩石样本。陈老挂了电话就赶了过去。

陈老说,平时的生活都是与水有关,隔三差五的都会有人来约他看水,本地的、外省的都有。40 多年来,陈老早已习惯了这样的奔波生活,并为能帮助别人而感觉很快乐。总有人不理解他为何那么辛苦,却总是分文不收。"我是人民培养出来的,我的知识技术要还回人民中去。"老人的想法就是这样的朴素。

(来源:玉林新闻网　2016－03－14)

她,荣获 2016 全国"工程勘察设计大师"荣誉称号

——记 1978 级校友许丽萍

许丽萍同志 1982 年毕业于中国地质大学(原名武汉地质学院),33 年来致力于岩土工程事业,聚焦岩土工程勘察咨询、先进测试技术、环境岩土等领域,业绩显著,水平出众,1999 年晋升研究员,2005 年至今任上海岩土工程勘察设计研究院有限公司总工程师(简称"总工"),是我国岩土工程界极具影响力的专家。

她工作求真务实,精益求精。主持国家和上海重点工程项目 300 余项,代表性工程包括上海世博会 5.28km² 的整体开发及永久场馆建设、国内一体化开发规模最大的地下空间综合体上海虹桥枢纽工程、国内外著名的超高层建筑(120 层上海中心)、典型软土地区的轨道交通建设与修复工程、对地基变形与振动要求极为严格的上海光源重大科学装置、位于吹填软弱场地的临港重工业装备工程与上海外高桥造船厂等大型工业基地等。她曾荣获国家、行业及上海市优秀工程奖 30 余项(其中国家奖 6 项,建设部和上海市奖 20 余项)。

近年来,许丽萍总工把握科技发展前沿,紧紧依靠科技创新,领衔完成"上海市地质环境对地下空间开发利用影响研究""2010 年上海世博会场址岩土工程问题研

许丽萍校友

究""地下承压水降水及土体变形环境控制关键技术研究""上海软土地区建筑桩基承载力与变形特征的深化研究""建设场地污染土快速诊断与土工处置关键技术研究"等 10 余项重大课题,带领团队不断破解技术难题,为保障城市安全、保护生态环境、推动科技成果转化做出重要贡献,近年的科技成果转化经济效益近 2 亿元。

为有效降低轨道交通工程建设风险,许丽萍首创轨道交通岩土勘察及咨询一体化技术服务新模式,并在上海多条轨道交通工程中成功推广。针对软土隧道长期运营存在的风险隐患,她带领团队率先集成"自动化测试＋无损探测＋智能化信息管控平台",为客户提供及时准确的风险预警,开创了轨道交通运营期技术服务新模式。面对城市土壤及地下水污染亟待修复治理的难题,她倡导岩土工程与环境工程学科深度融合,引领环境岩土新技术的发展,牵头组建上海市科学技术委员会(简称"上海市科委")"环境岩土工程技术研究中心",主持完成市建委①与科委 3 项重大课题,开拓污染土与地下水联合治理新业务,取得污染土快速诊断与土工处置技术的多项突破,获专利授权 15 项,环境效益和社会效益显著提高。

许丽萍总工十分重视对技术人才的培养,善于凝聚团队力量,积极打造具有创新能力与行业影响力的专家集群与青年骨干团队。她主编及参编国家、行业和地方技术标准 20 余部,担任 5 部专著的主编及副主编,对推动行业技术进步做出了重要贡献。

鉴于她在专业领域的突出业绩,相继被评为"上海市领军人才""上海市十大建设质量精英""上海市重大工程立功竞赛建设功臣""全国勘察设计行业科技创新带头人""上海市三八红旗手标兵""全国三八红旗手"等称号。

她连任上海市十二、十三及十四届人大代表,积极参政议政,以严谨的科学态度充分发挥专业优势,在《上海市地下空间规划建设管理条例》《上海市轨道交通管理条例》《上海市地面沉降控制条例》《上海市环境保护条例》等 10 余部地方立法中提出的许多建言被采纳,受到社会广泛好评。

(来源:许丽萍校友)

青春在祖国最需要的地方闪光

——记中国地质大学(武汉)研究生支教团

"有一种青春叫作奉献,我希望用这一年的时间来做一件终生难忘的事情,来刻印青春、熔炼自身。"2016 年 8 月,学校第十二届研究生支教团出征,来自于地球物理与空间信息学院的张伟炫等 11 名支教团成员用火热的激情发出铮铮誓言。

学校自 2004 年选拔组建第一届研究生支教团以来,已有 12 届共 63 名地大优秀志愿者奔赴陕西省佳县、云南省楚雄彝族自治州、江西省赣州市宁都县从事基础教育工作。

12 年,8 万余小时志愿服务时间,近万名受益者……这群年轻人走进深山,与孤独清贫为伴,同贫穷蒙昧战斗,用爱与信仰坚守在祖国最需要的地方。

---

① 市建委指上海市住房和城乡建设管理委员会。

满怀理想　在艰苦挫折中锻炼成长

每个选择支教的志愿者大都会遇到这样的问题："为什么去支教？""支教值得吗？"第十届研究生支教团李薇笑着回答："选择支教，我不后悔；支教完后，我更不后悔。"

2013年7月，即将进入大四的李薇，正处在考研、就业的人生岔路口上。一次偶然的机会，她无意走进了第九届研究生支教团宣讲会。"很感谢当时自己作了这个决定，因为我从来不知道一场宣讲会也可以听得热血沸腾。"会后她义无反顾地提交了报名表，经过全校选拔，最终如愿成为赴江西省赣州市宁都县黄陂镇黄陂中学的第一届支教队员。

江西宁都县是著名的革命老区，据李薇介绍，学校位于背田墩马面排的山脚下，距县城有60km，地理位置十分偏僻。尽管已有心理准备，但那里的环境还是有些出乎意料：一间斗室，一张床，唯一的电器就是一盏电灯泡。而且，由于当地长期湿潮，蛇虫

第十届研究生支教团成员在家访

鼠蚁甚是猖狂。"最要命的是我的两只耳朵里居然长出了'蘑菇'，菌丝几乎快将两只耳朵给堵死了。"尽管条件艰苦，但在这个山东女孩脸上，丝毫看不出抱怨，有的只是豁达和淡然。

正是这样艰苦的环境锻炼了李薇，她从一个"十指不沾阳春水"的姑娘成长为一个生活能手，生火、买菜、做饭……都不在话下。支教结束后，李薇回到学校深造，目前正在我校经济管理学院攻读研究生二年级。"支教生活条件是苦的，但是收获是快乐的"，李薇说，"人的一生很短暂，实现人生价值的方式有很多种。我把支教当成一份事业，支教那一年的经历，是我永远抹不去的记忆。"

在学校，像李薇这样走进大山的志愿者还有很多。学校每年大概有120人报名，但最终录取不过10人左右。"每一年选拔报名的时候，同学们的热情都很高，在他们看来，去西部支教是一种荣誉，是一次青春出彩的机会。"校团委书记龙眉说。

"在高标准选拔志愿者后，我们会通过课程培训、活动实践等多种方式对入选志愿者进行培训，培育志愿精神，提升服务能力，为支教工作奠定坚实基础。"校团委志愿者工作指导老师说。

传递知识　在课堂实践中放飞梦想

2015年7月赴江西支教的孙宇涛，担任八年级六班的班主任和数学老师，除此之外，学计算机的他还承担着该校计算机维护、图书馆智能管理系统建设等工作，每天忙得不可开交，备课、改作业到深夜更是习以为常，放学后和周末还常常要去学生家里家访。

这些山里的孩子，有很多是留守儿童，也有来自单亲家庭的。"让孩子在课堂上安静

李薇给学生上课

下来,好好学习,是我们很重要的一项工作。"孙宇涛说。男孩子十四五岁正是叛逆的年龄。有 8 个学生是这个班级的"老大""刺头",他们在七年级就经常逃课去网吧上网、打架,其中两个甚至还打过老师。孙宇涛为了让这些孩子读得进书,使出了浑身解数。

孙宇涛的坚持有了效果,这几个孩子在一次谈话中说,他是他们唯一会打心底里听从的老师,并向他保证以后肯定会让他少操点心。孩子的这段话让孙宇涛感动至今。

几乎每个志愿者都有这样的经历:讲桌上悄悄放着小折纸制作成的礼物,手里突然被塞进几颗红枣、一两个土鸡蛋,还没来得及看清是哪个同学,孩子们就哄散着跑掉了;住的简陋房间里也总是贴满了孩子们送的画,生趣盎然。

"我们收获的不仅是感动,也是一份沉甸甸的责任,以及对自我的历练。"如今回校攻读研究生的孙宇涛,已经参加了学校辅导员"1+3"计划,更加坚定了当老师的理想。李薇则正在准备报考教师资格证,她说:"毕业后我想回老家当一名中学教师。"

除了常规的教学工作,历届研究生支教团还在支教学校开辟了五彩缤纷的"第二课堂",如广播台、图书馆、七彩小屋以及各种社团等,并积极组织各类比赛、晚会,丰富校园文化,给支教学校带来不一样的色彩。

薪火相传 在爱心接力中点燃希望

爱心接力、薪火相传;志愿服务、报效社会……12 年来,一群群闪耀着理想主义光芒的大学生,带着知识和对西部的热爱走进大山,在传播先进文化和科技的同时,还尽自己所能,给当地孩子带来真切的帮助。

第十一届支教团队长张家宝告诉记者,尽管支教时间有限,对于西部众多贫困学生来说还是杯水车薪,但是他们始终牢记支教团的责任:不仅要传授知识,而且更重要的是能够充当一座与外界沟通的桥梁,给孩子们带去憧憬和希望。

2005年,第一届支教队员梁尚昆和他的伙伴们从他们每月不足600元的补助中凑齐1 400元,将这笔钱定点捐赠给了家境贫困、成绩优秀的13名特困生。从那开始,捐资助学的接力棒就一直在学校支教团成员的手中传接,从未间断。

2009年,云南大旱,作为在当地支教的志愿者,研究生支教团用自己的力量尽可能地帮助当地居民解决用水问题。支教团成员刘芳雅通过网络筹资3万元,在楚雄中山镇六街乡修建了4个水窖,解决了30多户人家的吃水问题。

从第十届支教团开始,为了更好地开展西部地区留守儿童帮扶工作,学校研究生支教团发起"花蕾助学——留守儿童成长助力计划",通过家访建档、支部对建的形式,广泛开展留守儿童帮扶活动……

马丽娟是支教团曾教过的学生之一,2006年高考填志愿,马丽娟毅然填报了中国地质大学,并如愿以偿在体育课部学习。大学期间,她在认真学习的同时,还加入了"山铭志"社团,参加了"7+2"登山运动,成为珠峰登山队的队员,同时征服过科休斯科峰……此外,她还组织开展了帮助江岸区辅读学校的活动,在那里教孩子们舞狮等集体体育项目。研究生毕业之后,原本有更好选择的她,却又通过"西部计划"回到西部。"作为一名曾经的受益者,如今再次回归。我用10年来磨砺,只为一个梦;我用一生来报答,只为一份情。"马丽娟深情地说。

现在,张伟炫在黄陂中学支教已半月有余。作为长期在大学生记者团担任骨干并积极参加各类志愿活动的他,对支教有着很深的期待。他告诉记者:"在接下来这一年的时间里,我们要满怀热情,尽最大的努力,将地大人的精神和爱心扎根在革命老区,点亮星星之火,燃起燎原大爱!"

爱的伟大之处在于越分享越富有,而梦的不凡之处则在于越坚持越美丽。12年,奉献与友爱这面旗帜,引领着学校学子坚守在祖国最需要的地方。"有时,一个人也许改变不了什么,但是一群人,那结果就会不同!我希望除了过去的我们,还有更多现在的你们,和我们一起努力,去影响一片土地,去影响一片土地上的人。"第十届研究生支教团成员杨小霞说。

(来源:地大之声 2016-09-19)

干旱缺水怎么办?"水神"来救场!
——记中国地质大学(武汉)1993届校友杨凯

今年夏季,你的家乡出现旱情了吗?

随着厄尔尼诺现象越来越明显,全国各地很多地方都出现了干旱少雨的情况。不仅如此,一些本就缺水的偏远地区,更是雪上加霜。对于这些身处缺水环境的百姓来说,水成了他们最大的渴望。咱们今天这位主人公的工作就与水息息相关。从军22年来,他给远在山区的人们带来了清凉的慰藉,为身处缺水地区的人们打出了一口口生命之井。想知道这位带来希望的"水神"是谁吗?让我们欢迎他闪亮登场。

我叫杨凯,内蒙古赤峰人,今年44岁,现任朝阳陆军预备役给水工程团司令部技

校友杨凯

室高级工程师。1993年，我从中国地质大学毕业后参军入伍，成为了沈阳军区给水团的一名实习学员。22年来，我在塞北高原、戈壁荒滩、崇山峻岭间，留下了无数青春的足迹，也留下了许多生命的希望。勘探、钻进、成井，当清冽的水喷涌而出时，其间经历的困苦、焦灼和挫败，都转变为成长的经验与爱的喜悦。作为给水工程兵，我很光荣！

希望一号：除"氟魔"，凿出健康水

2004年，我担任朝阳陆军预备役给水工程团钻井二营营长。刚上任，我就接到了防氟改水的重要任务。当年，仅朝阳地区就有300多个村屯、数万人不同程度遭受着氟害。无奈的村民曾计划将村子整体迁移。为了去除水中的氟，打出一口优质的好水井，我和队员们跑了七八天的时间，二三十次反复推敲后，才确定了一个井位。施工期间，我们一直住帐篷、喝氟水、吃氟饭。一个月后，我们终于打出了第一眼防氟水井。听百姓说水又清凉又甜后，我们的心里热腾腾的。

杨凯和队友们认真工作

希望二号：抗旱灾，打出生命之泉

2009年，姜家店组遭遇百年不遇的旱灾。无奈之下，世代受饮水困扰的村民选择离乡迁移，300多人的村落，只剩下不到200人。为了帮助剩余村民改善生活现状，我们又投入到了新一轮抗旱大战。面对这里富水性非常差的地质现状，我明白以往的河套寻水法不可取，必须长途跋涉寻找水源。为了打出第一眼抗旱井，我们几乎翻遍了周围所有

钻井成功的杨凯手舞足蹈

山脉。找到井位后,我又将以往手绘图纸的方式改良为计算机绘图,确保用更精密的设计第一时间为村民打出水井。终于,2009年8月19日,姜家店组的第一眼抗旱井成功出水。

杨凯长途跋涉寻找水源

希望三号:凿深井,引水灌良田

清风岭曾是一座英雄的山,被人们称为"中国地",在漫长的抗战中,这座大山未曾沦陷。然而很多人不知道,这里十年九旱,颗粒绝收,村民们饱受磨难。为了解决清风岭万名百姓、千亩农田的用水困难,我们决心在清风岭地区为老百姓打井。从勘探到出水,我们仅用了一周的时间。2015年6月10日,当村民们看到成井出水的一幕后,很多人激动地大声欢呼,流出了幸福的泪水。看到他们脸上的笑容,我觉得一切都是那么值得,那么有意义。

对于杨凯来说,22年的给水生涯中,他长途跋涉的每一步,凿出的每一块坚石,都是对人民沉甸甸的责任。只要能给百姓带来生命和希望,他可以用铁脚板踏遍万道岗,用千里眼看透地百层,无论付出多少血汗,都是值得的!就如同他在格言中说的那样,唯有勇敢与坚毅,才能打造充满希望的明天。我们也应该用这句话激励自己,相信只要怀揣希望,勇敢坚毅地前行,希望就在前方!

(来源:CCTV 军旅人生 2015-07-29)

以平凡凝萃热爱

——福建省地质调查研究院 2006 届校友王芳华

尊敬的各位领导、同志们:

大家好!我叫王芳华,是福建省地质调查研究院一名普通的地质技术人员。我的岗位很平凡,做的也是很平凡的事情,但我一直努力严格要求自己,用自己的岗位实践,不断践行着一个地质人、一个共产党员的职责和使命。今天,我汇报的题目是《以平凡凝萃热爱》。

我是江西兴国人,出生在一个农民家庭。2002年,我考上了中国地质大学。这是我生命中的一次转折,我的人生也因此和地质事业联系在了一起。

"以献身地质事业为荣、以找矿立功为荣、以艰苦奋斗为荣"的地质"三光荣"精神,指引我逐渐成长。参加工作10年来,我每年都要在野外待上半年以上,最长达9个多月。我先后参加了光泽羊角尖铅锌矿详查、建瓯—南平地区矿产远景调查等10余个项目。2010年起,我先后主持了建阳市井后钼矿普查、建阳市仑尾钨矿普查等多个项目工作。我的工作,得到了领导和同事的充分肯定。2015年,我获得了福建省"五一劳动奖章",这是对我极大的鼓励和鞭策。

校友王芳华

吃苦耐劳,始终是我的为人之本

记得刚参加工作不久,2008年下半年,

我被派往光泽茶山矿区开展调查工作。刚到矿区的那天，所里的车将我送到矿区脚下偏僻的饶家村就回去了，卸下来的席子、被子、地质包、工具箱在路边堆了一地，我自己一个人挨家挨户地找住处，最后找了一个条件不怎么样的民房才得以住了下来。矿区山高路陡，除了面对艰辛的地质工作，回到住处我还得帮助房东挑水、打柴、收谷子。那地方手机信号还不稳定，更不用说网络了，孤独与寂寞让人难以忍耐。在这种环境中，我坚守了四五个月，直到最后圆满完成任务。

2010年冬天，在闽北的仑尾矿区，大雪飘了两天，稻田、池塘的水覆盖了一层厚厚的冰。为了查看新见矿层，及时编录钻孔，我逼着自己换上工作服，穿上登山鞋，拿着"拐杖"踏上白雪覆盖的山路。中午本来可以回驻地吃上一口热饭，但为了抓紧时间赶进度，我只是用普通饭盒带的冰冷的干饭充饥，菜油已经凝固，咽下每一口浑身都哆嗦。在仑尾矿区，为了实时了解钻孔见矿情况，下雨天撑着雨伞走上几个小时泥泞湿滑的山路是常事，回来的时候满身都是黄泥巴更是常事，连房东都经常不愿意让我进门。

在福建省第二地质勘探大队（简称"二勘"）挂职期间，就在2014年的1月，是高椅山矿区一年中最冷的月份。加上矿区海拔高，不是霜冻就是下雪，驻地又在一个山沟沟里，环境非常阴冷潮湿。为了保证在春节前完成填图任务，我们布置的路线都特别长，通常要翻越好几座山，早晨我们出去的很早，坐在摩托车上，两只手冻得完全麻木了，耳朵被风刮得像掉了一样，中午为了节省时间，即使是碰到下雪天我们也只是吃自带的冷饭。矿区没有洗澡间，我们就在二楼阳台上搭了一个简易的棚子，烧了热水拎进去洗，真的是四处透风又透光，这种寒风刺骨的感觉至今仍记忆犹新！

野外地质工作的确是艰苦的，但只有经历了艰苦，才能收获甘甜。经过几年的野外实践，我得到了锻炼，积累了经验，自己的人生也感到充实了许多。

精益求精，始终是我的追求之道

2008年，我在光泽茶山矿区工作。那里是火山岩区，到处是悬崖峭壁。记得有一个陡壁，宽1km、高近百米，中间有些小台阶，石缝上稀稀拉拉长有一些小树，人只能侧身攀爬。就是这个陡壁，我曾攀爬过三四次，只为了把填图路线做实。

还是在这个矿区，有一天，我因脚底踩空在陡峭的山坡上翻了两个跟头后，头朝下扎进了探槽内，头上磕了一道口子，鲜血直流。老乡叫我回家处理伤口，我说："农村出来的，流点血没啥。"休息了一会，血才刚止住就继续编录探槽。由于伤口没处理好，后来一直化脓，一两年才好。不过，付出总是有收获的。我在矿区古火山口附近发现了两条厚度大、品位高的银矿体，为后期争取省基金项目提供了依据。

2012年，在担任仑尾钨矿普查项目负责人期间，我长期呆在野外一线，同项目组成员一道进行地质填图、剖面测量及槽探、钻探编录等工作，认真收集野外一手资料。通过对矿区的地质体及构造重新厘定，对矿区控矿因素进行深入分析研究，精心布设了6个钻孔，全部见矿，仅其中一个钻孔就圈出13条钨矿体，矿体累计厚度达274.21m，单层矿体真厚度就达40.69m。全区共圈出矿体38条，当时对主要矿体资源量进行了初步预估算，求得钨资源量5万多吨，已经达到大型规模。

由于成果突出,国土资源部中央地勘基金管理中心杜清坤副主任、国土资源部咨询研究中心黄崇轲专家等一行10余人亲临矿区指导,在听取了项目进展及找矿成果汇报后,肯定了项目组的找矿成绩,并表扬了我们吃苦耐劳、刻苦钻研的精神。黄崇轲老专家紧紧握着我的手激动地说:"小伙子,干得不错,年纪轻轻,找个大矿不简单啊!"

带头争先,始终是我的做事名言

在安排野外工作时,我总是把最艰难的路线留给自己,最高的山头自己来爬、最难拱的山我来拱。在闽东熙岭幅1∶5万填图时,我主动承担了图幅东北角寨下组火山岩区地质路线。这条路线很长,要翻越好几个山头,高差大,地势陡,灌木丛生,荆棘密布,穿越非常困难。天刚蒙蒙亮时我就开始上山,一会翻山,一会爬沟,一整天马不停蹄地在山里走了20多千米的路程。脚底磨出了好多水泡,天黑了才到沟口,晚上21点多才回到村庄。

2014年8月,组织上安排我到二勘做技术帮扶。我心里充满了很强的责任感和使命感,希望能够把我在地质调查研究院学到的经验技术全拿出来跟他们一起分享交流。

过去不到3个月,刚好碰到福建省地质职工第三届找矿职业技能竞赛。面对这场高手云集的比赛,从队领导到队员都不敢抱太大期望。当时队总工程师安排我负责对参赛队员进行培训,接到任务我压力很大,心里一点底也没有。但我没有退缩,我想这是一个传授经验知识的好机会。接到通知后我就和八队挂职的陈江华到野外跑了两天选典型剖面,又花了两天时间进行实测,为下一步野外实地培训作准备。在野外的那几天天气非常热,有一条剖面在采石场内,光秃秃的,太阳直射,一点风都没有,全身都被汗湿了。为了抓紧时间,我们没有休息,直到我中暑了才不得不停工半天。第二天,我还在拉肚子,浑身疲软,本来周末可以好好休息一下,但为了能按计划开展培训,我还是加班,认认真真做了一个近百页的PPT,为大家进行室内实测剖面培训。功夫不负有心人,二勘这支最年轻的代表队出人意料地取得了团体第三名的好成绩,其中洪鑫源取得了个人第五名的好成绩。我个人在比赛中获得了第一名,并因此荣获福建省"五一劳动奖章",对此我感到十分荣幸。

2015年6月,我受委托负责新疆两个1∶5万区域地质矿产调查项目标书编写工作。因为新疆地质情况与福建差异非常大,工作方法也不尽相同,而二勘又从未承担过此类项目,加上地质人员少又以年轻人为主,所以投标任务非常艰巨。

针对这种情况,我组织了七八名地质人员,分成两个组编写标书。像遥感解译、水系沉积物测量这些工作他们没经历过的,从工作原理、规范要求到野外实际操作,我都一点一滴地耐心讲解,一个一个手把手地教。标书编写过程中,从文字编写到图件制作,从框架建立到最后统稿,从技术标到业绩标,他们不会做我就做给他们看,直到他们听明白了、看懂了为止。遇到自己不懂的,我就翻书查阅资料、打电话问专家,自己彻底弄懂了以后再教他们。

这一个月里,我带头加班加点。可以说是没有周末,没有下班时间,晚上都是加班到24点以后才回去休息,要交标书的最后3个晚上都是加班到凌晨三四点。经过团队连续一个月"5＋2，白＋黑"的工作，2个项目6份共400多页，超过25万字，含大图、插图近百张的标书终于成型定稿。

标书在福建省地质矿产勘查开发局组织的初审中得到了不错的评价，尤其是商务标，得到了余朝具等专家"最好"的口头评价。参与了这次标书编写的几位年轻人都说，这一个多月虽然很辛苦，但不管从技术水平上还是组织能力上都学到了很多东西，这也是对我带头努力的最好回报。

热爱地质，始终是我的事业情怀

2014年8月，在接到院里通知我到二勘挂职的时候，我的小孩才刚满两个月，说实话，妻子、孩子都还需要照顾，我当时回家真的不知道该怎样对爱人说，在客厅和卧室间来来回回，犹豫了两个多小时都不敢跟爱人开口提这件事。当爱人知道后，虽然有点担心，但为了支持我的工作，最后欣然同意了。为了方便工作和照顾家人，我动员妻子带着孩子一起到了永安。

在新疆两个项目投标时，因为时间紧、任务重，我根本抽不出时间陪她们到四川去看望癌症病情突然加重的岳母，等交完标书赶到四川的时候，岳母已经处于弥留之际了，每说一句话都非常艰难。岳母跟我们说："我已经没办法抱外孙女熙熙了。"我听了非常心酸、非常自责。一个月后岳母就离世了，我们没能在她生前好好照顾她，这成了我心中的一个遗憾。

参加工作10年来，为了地质事业，我常年在偏僻的深山里穿林开路，爬过陡壁、翻过大山、跨过深沟；被山羊套套过，被野猪夹夹过，被大黄蜂蛰过，被眼镜蛇追过；有一次掉入一个5m多深的野猪陷阱，摔得都说不出话来，把同事着实吓得不轻。当我跟朋友讲这些故事时，有人问我："地质工作这么艰辛，你就不后悔？"我只是淡淡地告诉他："我是一名地质人，我热爱地质工作，这是我一生不变的情怀。"

现在，我在福建省地质调查研究院担任项目负责人，忙碌依然是我生活中的主基调。我将继续弘扬地质"三光荣"精神，带领项目组成员更好地完成各项工作。同时，只要二勘的同事们有技术方面的问题，我也会一如既往地做好技术指导工作。

我的汇报完了，谢谢大家！

（来源：王芳华校友）

他，荣获全国绿化先进个人荣誉称号
——记中国地质大学物业服务中心主任王建胜

中国地质大学（武汉）坐落在南望山下，位于东湖之畔，校园内景致灵秀俊雅，青草树木郁郁葱葱，宽阔草坪绿意盎然，四季花卉繁茂俏丽，一片"朝霞携群鸟齐飞，书声与禽鸣共唱"的和谐景观。在这里，会经常看到这样一个身影，他身着蓝色工装，手握铁锹或锄头，一边挖坑种树一边镇定指挥，穿梭于花草树木之中，他就是辛勤的"校园绿化人"——

王建胜。

作为中国地质大学(武汉)后勤保障处物业服务中心主任兼秭归产学研基地站长,王建胜同志肩负重任,他用10年的坚守,用无比的恒心、耐心和细心,长期奋战在绿化工作第一线,将一个原本只有几栋物业大楼的校外实践基地——秭归基地变成了如今享誉大江南北的花园式校园,吸引了国内外许多高校及专家、学者、科研人员的到访,受到前来实习的各高校及参加培训的武警黄金部队的高度赞扬。香港大学实习师生称赞基地为"地学摇篮,学子之家",同济大学实习师生称赞"基地声名远播,服务品质一流",武汉工程科技学院的实习师生称赞基地为实习基地楷模,武警黄金部队首长更是号召全体武警官兵向秭归基地学习。

放下身段下基层。2005年,校外实践基地——秭归基地一期建设完工后,王建胜同志服从上级调派离开家乡来到偏远的秭归。离家时,女儿才刚刚会走路,纵然有万般不舍,他依然选择背起行囊,来到千里之外的秭归,立志做基地建设的"开荒牛"。

那时候,基地的绿化工作还是一片空白,在年接待量不足600人的窘境下,经费也显得极为不足。如何将绿化工作开展起来呢?这成了摆在王建胜同志面前的一个现实的难题,无数个夜晚他都辗转难眠。最终他决定,没有钱请人就调动员工积极性自己干,经费少就去偏远的山里买树,去市场买花种自己育苗,一定要将绿化工作坚定不移地向前推进。

王建胜主任在实习基地和工人们一起劳动

下定决心后,他立即付诸行动,换上工作服,开始奔赴深山,从大山深处低价淘回来许多小树苗,又从市场上买来花种,搭了大棚育苗。有了苗木花草,王建胜同志悬着的一颗心终于落地了。他一马当先,率先扛起锄头,顶着烈日,任汗水湿透衣背;冒着风雨,凭泥巴裹满裤腿。"他总是和我们在一起奋战,我们都很佩服他的这种精神,没有一个人偷懒耍滑、拈轻怕重。"他用实际行动感染着基地每一位员工,在他的带动下,大家都积极投入,热情高涨。

裸露土地披绿衣。秭归基地建成之初,除了一栋综合楼、两栋学生公寓、一栋食堂、一栋澡堂和一块运动场,什么都没有,到处都是光秃秃的。公共区域20 000多平方米,全是裸露土地,下雨天水土流失严重,既不利于环境保护,也影响校园美观。这些年,王建胜同志带领着广大员工从一花一草、一树一木开始,逐年改善,先后完成了校园大门入口处、食堂周边、综合楼外围、学生公寓四周、操场周围、停车场外沿、岩石园内外、专家楼周边、实验楼外围、试验场地内的所有绿化共计20 000多平方米,绿地率达50%以上,栽种了各种植物品种30余种,建成了多层次立体配置的植物景观,将裸露土地一寸寸覆盖,让绿色一点点显现,让花海一片片盛开。现在的秭归基地,春有樱花绽放,夏有紫薇斗艳，秋有丹桂飘香，冬有金橘累累，为师生员工营造了良好的学习和生活环境。

因地制宜扬特色。秭归地区土质多为沙土，沙土黏性小、肥力低，要在这片土地上栽花种树，相比于黏土而言，其难度系数要大很多。为了更好地在这片土地上开展绿化工作，王建胜同志潜心学习，刻苦钻研，对秭归当地的气候条件、水土环境、常见植物生活习性都有了较为全面的了解，并深入到当地林业局、苗木种植园进行实地调研，发现当地的水土十分适合橙子、椪柑、柚子等经济果木的生长，且这些果树在当地十分普遍，采购成本低。于是，他当机立断，决定大批引进这些果树，在绿化的同时还可以兼顾经济效益。

自2009年开始，基地逐年引进夏橙、脐橙、柚子、椪柑等果树，这些果树不仅可以替代校园常见树木——樟树、梧桐等起到绿化作用，还可以彰显地方特色。如今，王建胜同志带领大家种植的各种果树，年产值已达几千斤，使得基地绿化、收益两兼顾。

校园旧貌换新颜。由于在秭归基地的突出表现，2014年4月，王建胜同志受命兼任后勤保障处物业服务中心主任一职。回到阔别10年的校园，他依然保持着在秭归基地时的那股热情和干劲，带领着校园服务部在全校范围内开展环境综合治理工程，重新规范绿化补栽补种项目，设计绿化补种面积9 334 m²，设计绿化种类20余种，主抓校园美化、亮化工作，重点整治建筑物周边环境，楼前楼后硬化、绿化；利用原有绿化格局完善东区桂花林改造，落成南区樱花园的建成，充实北区绿化带及景观区域，添置图书馆周边花箱装备；对于卫生死角、道路破损点绿化盲区、边角地带进行地毯式搜索，并整理立项上报校园绿化委员会，督促经费投入，进行整改。

2014年，在王建胜同志的带领下，物业服务中心园艺班全年生产花卉1.5万余盆，完成学校日常大小会议、活动会场花卉摆放200余次。在一年一度的武汉市洪山区菊展中，园艺班辛苦一年培育出的上百种各式各样的菊花流光溢彩，在整个展区独占鳌头，获业内人士的一致肯定，独揽了"武汉市第三十一届金秋菊花展艺菊类塔菊三等奖""洪山区第二十七届金秋菊花展优秀奖""洪山区第二十七届金秋菊花展特艺菊奖"3个奖项。年底，物业服务中心在省级评选中获"湖北省绿化先进单位"称号。

2015年上半年，王建胜同志又带领校园服务部完成绿化补栽补种项目总面积6 000余平方米，涉及植物品种30余种；并且首次从福建省引进生长在热带的加拿利海枣、中东海枣、老人葵、霸王棕等新树种。新树种的补充对学校整个绿化体系的成熟及园林生态的发展起到了重要作用。与此同时，上半年建成集温控、湿控、风控于一体的现代化温室的落成标志着我校的绿化园林事业再上新台阶。现在，校园绿化总面积已达39.32万m²，一级养护（四季常绿草坪）11.75万m²，二级养护（人工草坪）10.86万m²，三级养护（自然植被）27.27 m²；配备绿化工作人员30人，人均养护面积达1.4万m²。覆盖率达到48.3%，绿化率达到98.2%，拥有210多个植物品种。

如今，王建胜同志依然常年奔波于武汉及秭归两地，兼管着物业服务中心和秭归产学研基地，用行动谱写着绿色的篇章，他说："生命意味着绿色和希望，每个人在生命的长河中都应该为大地增添一份绿色，为集体增添一份希望。"

校友文萃

大学四年我们与珠宝的那些事儿

与地大的缘分源于高三那年,一次偶然的聚会,听闻母亲好友的女儿学的是地大珠宝鉴定专业,就在那一瞬间,便拍脑袋决定我以后也要学这个专业。在高考填志愿时,哪怕母亲一再劝我是否考虑其他更好的选择时,我也固执地坚持只读这个学校的这个专业,像着了魔一样! 哪怕其实当时的我,并不清楚这个专业是做什么。

2007年9月,我如愿踏进这所学校的大门。大一、大二是不学专业课的,我们的基础课是高等数学、大学物理、化学,矿物结晶学等。这时,我渐渐地发现,这个专业远不如我起初想的那么有意思,它也就是地大众多工科学科的一种。作为地大的普适性课程,地质学基础是除了艺术类专业学生的几乎所有专业学生的必修课,讲的是地质构造等内容。

大三开始学专业课了,几百种矿物,每一种的物理、化学性质,鉴定特征都要求我们了然于心。我们都是通过先上理论课,然后在实验室上实践课来熟悉和掌握专业课知识要点的。

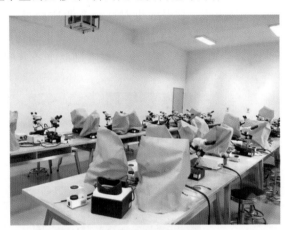
实验室

看,这是我们的实验室。实验室的白墙上挂着灰窗帘,这是为了不影响看宝石的细微的色调区别。实验室陈列着显微镜(用于观察宝石的内部结构特征)、折射仪(测宝石的折射率,在使用的时候会用到一种化学试剂,有毒,曾有段时间我都担心自己会因此得病)、分光镜(观察光透过宝石之后的光谱)、滤色镜等。我们要做的就是通过这些仪器观察和测试各种宝石的物理、化学性质,从而判断出这是什么品种的宝石。

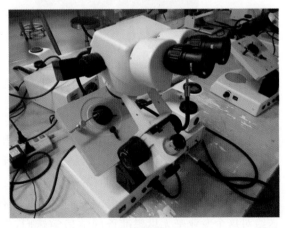
显微镜

我们的实践课,经常一上就是一整天,从早上到晚上一直对着显微镜看各种宝石标本(宝石标本也并不是你们想象的那样,基本上都是很小、很丑的一个异形小石头)。那时,我觉得这不仅是对观察力和耐心最大的考验,更多的是对眼睛最残忍的折磨。每当对着显微镜一看就是一整天的时候,我就觉得这个专业简直是无趣至极！任何行业在深入接触并了解之后都会发现它远不如看起来那么美好,每一次从无到有的过程都不会是好过的,不管是学识还是能力,都需要克服一些东西才有所收获。

毕业之后,大家聚在一起的机会不多,但庆幸的是每年都有各大珠宝展不经意地让我们相聚在一起,每次的珠宝展都是一次同学聚会。

我在展会上偶遇欧阳秋眉老师,她是香港宝石学院院长,曾经到我们学院作过报告。那时我很仰慕这位学者,毕业之后也跟她学习过一段时间,在展会上又偶遇她教学生选标本,不得不说也是一种缘分。

见到我们可爱的老师们那更是会开心地冲上去给一个大大的拥抱。这是我们的薇祺同学在展会上看到狄老师之后的反应,笑得多开心呀！

然而,不管是在大学期间还是毕业之后,本专业的同学聚在一起也会经常吐槽,有真心的也有应和的,有转行的也有发展得特别好的。就像是围城,围城外的人想进来,围城里的人想出去。曾经我也对这个专业质疑过,也与这个领域分开过,但现在发现我还是喜欢并愿意在这条路上一直走下去,我也相信只要我朝着想要的方向一直努力,在这条路上,总会遇到合适的机会。只有随时准备着的人,才会离自己的梦想越来越近。

我和欧阳秋眉老师(右)合影　　　同学薇祺(右)和狄老师(左)合影

现在工作之余,我利用特邀鉴定师的身份开了一个公众号,做珠宝小常识普及。初心很简单,平时经常有人问我关于珠宝的知识,我希望通过这个公众号告诉大家,让大家在买珠宝时多一点常识和认知,少一点忽悠。

这篇文章送给中国地质大学珠宝学院的所有学生,纪念我们在校园的那些日子。也送给对这个专业毫无思想准备的学弟学妹们,告诉你们作为一个珠宝鉴定专业的学生,每天的生活与学习究竟是怎样的。也告诉你们,任何看起来有光环的事情背后,都需要你有能撑起光环的能量,而这能量来自于打磨光环过程中的历练与坚持。

(作者:2007 级校友夏梓悦)

长征颂
——纪念红军长征胜利八十周年

长征艰险史无前,雪山草地不畏难。
围堵追截何所惧,枪林弹雨战犹酣。
五渡赤水布迷阵,大渡河桥夺桥战。
跋山涉水近十省,历经三百七五天。
赢得各方多支助,保证红军永向前。
路遥任重战逆流,革命意志磐石艰。
北上抗倭谋大计,救亡图存抵延安。

庆七一高歌十八大

继往开来十八大,经天纬地谱新章。
决策为民十三亿,扬帆掌舵新起航。
五大发展是航标,人人参与人共享。
四个全面强国路,三严三实防腐墙。
两个百年千秋业,伟大复兴是总纲。
八项规定反四风,强国必须先强党。
打铁还须自身硬,铁腕反腐震八荒。
党的宗旨使命在,"老虎苍蝇"难躲藏。
做官要做"四有"官,为官就要敢担当。
两学一做不停步,信仰信念有力量。
不走邪路与老路,特色道路世无双。
三个自信是根本,一面旗帜世代昌。
改革创新齐奋进,美好生活见曙光。
放眼立足新世纪,泱泱大国屹东方。
万众欢呼逢盛世,心中有党不发慌。
坚定信念跟党走,凝心聚力奔小康。

教师节点赞教师

焚膏继晷度晨昏,三尺讲台献爱心。
立德树人百年计,春风化雨沐园林。

桃李桂枝结硕果，爱国敬业守诚信。

弟子成才师窃喜，舌耕不辍更殷勤。

人类灵魂工程师，做人师表先做人。

（作者：1956 级校友宋森）

明德·厚德·德行　地大
——《习近平总书记高校思想政治工作会议讲话》读后感

全国高校思想政治工作会议于 2016 年 12 月 7 日—8 日在北京召开。中共中央总书记、国家主席、中央军委主席习近平出席会议并发表重要讲话。讲话为我们正在筹备的"中国地质大学福建校友会明德基金"（简称"明德基金"）指明了方向、坚定了信心，并使我们获得了源源不断的动力。讲话在广大福建地大校友中引起了强烈反响，部分校友自发组织到厦门进行了集体学习和分享。

福建校友会会长卢禄华

古人云："大学之道，在明明德，在亲民，在止于至善。"广大与会校友一致认同要把思想政治工作贯穿教育教学全过程要求，认为母校不仅给予了我们科学知识，更重要的是培养了我们良好的品德、明确和完善了我们的思维方式和人生价值观，为我们在毕业后的社会工作和生活提供了判断事情的基本准则和源源不断的精神力量。"艰苦朴素、求真务实""我们满怀无限的希望，为祖国寻找出富饶的矿藏"的校训、校歌就是在老师们的谆谆教导中融入了我们的血液、灵魂中，影响了我们的一生。立德树人，教师是关键。习近平指出，长期以来，高校思想政治工作队伍兢兢业业、甘于奉献、奋发有为，为高等教育事业发展做出了重要贡献。这一点我们都体会最深，从中学进入大学，即进入价值观形成和确立的关键时期，是一个人成长、成才的关键起点，大学的辅导员、班主任从我们进入高校的第一天就接起思政教育这一棒。每次回忆起大学时光，我头脑中首先会浮现我当年的辅导员瞿祥华老师负责学生工作时的情景，他一天的工作是从清晨不到 6 点催促我们起床早操开始，一直忙到宿舍熄灯后逐一检查完同学们入睡才结束。就是这样的思政老师为我点亮了人生灯塔,如兄、如父,润物无声。随着社会发展,高校学生数量剧增,学生群体思维更加活跃,思政老师的工作难度、强度更大,同时党中央赋予的使命也更加光荣、伟大。师徒连心,我们在福建的地大校友时刻惦记母校老师,也应时筹备成立了"中国地质大学福建校友会明德基金",给先进的思政老师点赞,鼓励更多优秀人才加入思政工作队伍。正如习近平总书记指出的"要拓展选拔视野,抓好教育培训,强化实践锻炼,健全激励机制,整体推进高校党政干部和共青团干部、思想政治理论课教师和哲学社会科学课教师、辅导员、班主任和心理咨询教师等队伍建设,保证这支队伍后继有人、源源不断"。

面对全新的时代,《习近平总书记高校思想政治工作会议讲话》特别强调高校思想政治工作需要改革创新。我们福建校友会也在积极思索为母校开创思政教育的校外课堂。有校友企业成立了公益的特色夏令营,安排在校学生在假期中到优秀企业实际劳作、参访、体验,感受劳动之美、工业之美、艺术之美、人文之美。通过两期试行,学生们都觉得内心受触动,更加热爱劳动,回校后学习更主动,更爱同学、爱老师、爱党、爱国家了。

通过学习《习近平总书记高校思想政治工作会议讲话》,我们广大福建地大校友充分认识到思想政治工作的重要性,即于个人、于家庭、于企业、于社会、于国家的深远影响、非凡意义,也表示会发动更多的校友支持"明德基金",希望在校学子能够:明德、厚德、德行地大。

(作者:1992级校友卢禄华)

时光刚好,且同行
——地大校友会北京分会一周年活动侧记

白日放歌须纵酒,青春作伴好还乡。

1300多年后,单从一两句话里,还是依稀能够看到,经历了风雨沉浮后杜甫老先生喜极而泣的表情。

大概这就是人性的一种表现方式,一旦品尝到了归家的味道,身体还没有作好准备,心就已经迫不及待地出发。

这种漂泊外乡的情怀,就像看到"艰苦朴素、求真务实"这几个字的时候,总会想到那块校门口的石雕;就像看到一位位浮现眼前的校友,总会想起那些年热情激荡的岁月。

一、7分的意义

校友会的活动上,傅安洲书记讲了一个小故事。

他讲到,地大篮球队在高校云集的篮球对抗赛中险胜夺冠,决赛环节中的两场比赛,仅仅赢下对手7分。

对篮球稍有些了解的人都知道,两场比赛赢下7分是什么概念,急若流星刹那、电光火石瞬间,一个篮板、一个3分球,就能决定一场比赛的胜负。

这种胜利来之不易,甚至可以说胜得惨烈。咬紧了牙关,咬住了比分,就能赢;丢掉了士气,打没了精神,就会输。

所以安洲书记说,地大篮球队的胜利,不是技高一筹,而是精神顽强;不是战术高超,而是众志成城。

2016 年,我们的母校已经 64 岁了。

60 多年来,一代又一代地大人,忍受凛冽刺骨的寒风,拥抱滂沱如注的大雨,支起红旗帐篷,战胜疲劳寒冬。

60 多年来,一代又一代地大人,穿越荆棘遍地的山林,无畏奔波劳苦的磨难,饱含赤子热情,攀登峻岭险峰。

60 多年来,一代又一代地大人,肩负引领社会的职责,践行民族复兴的使命,投身建设伟业,创造美好生活。

60 多年来,无数地大学子、赤子乃至游子,在社会的各个岗位,艰苦奋斗、拼搏贡献。

60 多年来,数不清的院士、勇士甚至烈士,在祖国的每片土地,抛洒热血,建设家园。

今天,我们相聚,其实就是再次品尝归家的味道,为的就是一起回顾与展望,回顾我们的来处,展望我们的未来。

二、潘师兄之问

潘鸿宝师兄在校友会的活动上提过这么一个问题:一个以地质学为主流的大学培养出的毕业生,怎么能够在各个行业、各个岗位上涌现出这么多优秀的人物?

这个问题,想想挺有意思。

先从一个媒体公开报道的新闻事件说起。

地大校训

2009 年 10 月 12 日,新华通讯社(简称新华社)总编室接到一位普通读者的来电。经过沟通,得知对方是想反映新华社前一日播发的一篇《教育大计教师为本》文章中关于岩石分类有误的问题。

这篇文章是署名文章,作者是时任国务院总理。报告打到了总理办公室。几个小时后,新华社接到批示请更正的回复。随后,又收到了总理亲笔写的《致新华社总编室的更正信》。

当晚,新华社接到总理本人打来的电话。相关值班同志表示,稿件签发过程中对部分内容看得不够细,要向领导检讨。总理却说,责任不在你们,既然署了我的名字,就应该文责自负。

这就是一个大国总理对待问题的态度。庙堂之高,仍然严谨朴素;重任在肩,更需求真务实。

"艰苦朴素、求真务实",我想在学生时代,这个烙印就已经打在了心里。

所以潘师兄的问题其实是"卖关子",作为一个 20 世纪 80 年代入学,如今可以称之为"老潘"的资深师兄,答案他比谁都清楚。

今天,校友会组织大家相聚,为的就是铭记与传承;为的就是通过这个简单而又庄正的平台,让每一位校友铭记八字校训,传承地大精神,并把这种精神融入到工作和生活中去。

坐而论道,然后起而行之,何事不成?

三、北京与故乡

2010 年的夏天,我第一次来北京,找到一份实习工作。出了火车站,四下望去,举目无亲。好在有校友、院友相助,便从北京西站坐上 9 路公交车去投奔。这是我第一次远远地看到天安门,第一次感受地下室的阴冷。

6 年过去了,我已经在北京扎根,而 9 路还是那个 9 路。偶尔在单位门口看它经过时,总是想起那些漂泊的酸楚和陪伴的温暖。

后来听明杰会长讲故事,他刚来京的时候更辛苦。

每个人都有故事,像一个个贝壳,像一片片树叶。2015 年校友会成立,把这些贝壳串起来,变成了一串串声音悦耳的风铃;把这些树叶拼起来,装点成了一颗颗参天大树。

校友会成立没多久,微信群里开始热闹起来,踢足球顺便健身的,认真听讲座充充电的,都慢慢地在丰富我们的生活。当然,最重要的,信息开始汇聚,资源开始整合,尤其是当校友遇到难处的时候,组织开始展现出强大的动员能力和扎实的保障作用,开始展现出温馨的陪伴照顾和炽热的情感关怀。

以心相交者,成其久远。马克思说过,我们知道个人是微弱的,但是我们也知道整体就是力量。

今天我们相聚,如同明杰会长所说,就是以力量传递力量,以团结带动团结。我们期盼这个组织不断发展壮大,我们渴望我们的生活更加热烈昂扬,我们祝福每一位校友都能美满幸福。

40 年前的风声、云声、脚步声,仿佛就在耳边。

时光刚好,各位校友,且同行。

（作者：地大北京校友分会小鲁）

地大情诗

记忆回到远古的二叠纪,
生物从海洋奔向陆地,
我从那时起,就已等着你靠近。

我是长江中下游平原，
你是六月的江淮准静止锋，
你在我心头徘徊着，走过很长很长的路。

北大西洋暖流解封了北极圈内冰冻的摩尔曼斯克港口，
漫长冬日后，离岸风吹回了阿拉伯海久违的索马里寒流，
不论天南地北，天涯何处，即使超越自然，我也要记得去见你。

我是孤独的西风漂流，
我环绕地球一周，
却始终没到达你的身侧，你的心头。

我是秘鲁渔场的上升补偿流，
是穿越赤道的印度季风，
因为想要靠近你，所以永不停息。

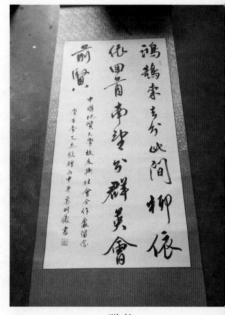

赠书

天山的南坡没有树，东非大草原却夏盛冬枯，
北冰洋里没有大陆，大洋洲上找不到咸水湖，
我的唯一是你，没有替补。

我的爱，
是同纬度东京迟开半个月的樱花，
为你留下四月中旬的小幸福。

我想和你，
顺着自传方向追逐晨线，
每分每秒都拥抱日出。

就算斯里兰卡没有离开印度大陆，
哪怕古丝路没有消失或虚无，
我也不要放弃最深爱的你。

（作者：材料与化学学院 033125 班李文杰）

我们的 G20

"有时'时间'仿佛过得很慢,但等它真过去时,你才发现它快得令你吃惊",李寻欢对龙啸云说这句话时,他和初恋林诗音分别刚满 10 年。

2016 年 10 月 2 日清晨,楚国江城南望山下地大正门,23 位身着橘色衣衫的男女三三两两地聚到一起排成三排横队,面对镜头齐喊"1,2,3,茄子!"他们是一群来自天南海北的老同学,此时距离他们从这所大学毕业已经整整 20 年了。

1995 年秋,恩施龙凤镇,实习带队的易老师对我们说:"下个月我们大学同学就要聚会了。"他的眼中闪烁着兴奋的少年的光。我睁大眼睛望着年届 50 的易老师说:"有那么深的感情吗? 不就才同窗四年吗?""等你毕业以后就明白了。"易老师的回答简短干脆。

资源学院 1992 级校友合影

毕业前,我们拿着写满友谊长存、万古长青/我们的心应该联网……"的贴满同学青春照(包括平时没怎么说过话的女同学的照片,快毕业了也突然产生了去要照片的勇气)的毕业留念册各奔东西。同学们美好的祝愿尚在耳边回荡,现实的残酷却已给初入社会的我们当头一棒,复杂的人事关系需要慢慢适应,身边也没有什么人可以倒倒苦水,想来想去还是同学好,于是我们开始通过写信互相勉励。有时信封的背面会醒目地写着几个大字"内有照片,勿折"。至今我还保留着龙同学戴着个棒球帽双手垂立、一脸庄严的鼓浪屿留念照,以及侯同学梳着分头、穿着西服、系着领带、搂着媳妇站在婚床边的结婚照。

科技进步很迅速,很快 BB 机[①]取代了书信,之后手机又取代了 BB 机,再往后惊天霹雳一声响——互联网出现了。同学间的联系方式也随之不停地更新换代,但却从未有过

①BB 机即寻呼机,是无线寻呼系统中的被叫用户接收机。

老照片：1994 年北戴河实习

间断。第一次互联网泡沫破灭前，班级有了第一个网上同学录：网大①（Netbig，不知道这公司现在是否还存在），网大可以上传照片，也可以上传中学语文作文本那种一行行的文字。尽管网页设计十分缺乏美感，我们还是用得甘之如饴，在网大盛行的年代我见到了第一批同学的结婚照。但网大由于界面功能单一，很快就被后起之秀 chinaren② 同学录蚕食了市场，我们的阵地于是又转移到了 chinaren，通过 chinaren 我知道了更多同学结婚、读研、出国、跳槽、生儿育女的消息。OICQ③（注：QQ 的前身）被老师 ICQ④（注：即时聊天软件的鼻祖，由以色列 IT 精英发明，马化腾最早的产品 OICQ 从名字到功能皆源于此）控诉之后被迫改名

老照片：侯同学结婚照（1997 年）

①网大是一家在大中华区发展教育产业及相关教育技术产品的结点化集团公司。
②chinaren 是搜狐旗下华人最大的青年社区，是中国门户网站的创始者。
③OICQ 是一款即时通讯软件，也是腾讯 QQ 的前身。
④ICQ 是一款即时通讯软件，支持网上聊天、发送消息、接收文件等。

QQ,经过几年的发展后居然把盖茨的 MSN MESSNGER① 彻底击败了,从而一统了 IM②(注:即时聊天软件)的江湖。班级 QQ 群出现后,就再也没人去 chinaren 了,QQ 群的时代一直持续到了今天。

老照片:2006 年国庆毕业 10 周年武汉聚会

我们班的同学不但线上联系紧密,线下联系也同样紧密。2006 年国庆毕业 10 周年,18 位同学相聚武汉;2011 年国庆毕业 15 周年,22 位同学相聚昆山,从而奠定了 5 年一小聚 10 年一大聚的基本原则。今年是 2016 年,恰逢我们毕业整整 20 年(Graduation 20,以下简称 G20),自然属于大聚,为了这次聚会同学们早就开始摩拳擦掌。侯同学从拉萨转了两趟飞机飞往武汉,这个国庆假期他可以确定自己不用再值班了,为了今年的聚会能成行,他已经连续主动值了两年国庆的班;郑同学一家三口从攀枝花自驾昆明再飞往武汉,风尘仆仆,一路上还不断收到工作电话,但为了武汉的这个"局",她已决定不顾一切。侯同学和郑同学完美地诠释了我们班的聚会意志。

为了成功举办这次 G20,以留校任教的李忠武老师、白永亮老师为首的 6 位武汉同学(还有詹云军、秦建彬、刘聪元、曾超)专门成立了"聚委会",早在一年前就开始精心准备,抢订今年国庆的校内宾馆和餐厅。聚会期间,聚委会还专门设了一间聚委会办公室,聚委会成员有家不归,和同学们一起住宾馆。从接送同学、安排宾馆、预定餐厅、安排活动,聚委会考虑得面面俱到,他们的细致工作足以写出一本厚厚的聚会秩序册,他们的丰富经验足以被聚帮客们请去当资深顾问。

成功的聚会绝非偶然,看似简单的每一步的背后都离不开精心的组织和安排,大到

①MSN,全称 Microsoft Service Network,是微软公司旗下的门户网站,其中 MSN MESSNGER 是微软发布的一款即时通讯软件。

②IM,全称 Instant Messaging,是目前网上最流行的通讯方式。

G20 聚委会全体成员列队红军桥送别同学

时光假使倒转 20 年(上图从左到右分别是：矿产系学生会主席徐岩师兄、矿产系书记张吉军老师、矿产系辅导员唐勤老师、矿产系体育部长李志栋同学)

订宾馆、订餐厅，小到买可乐、雪碧再仔细地一桌桌分好、摆好，这一切辛苦的脑力和体力劳动都要归功于聚委会。衷心感谢聚委会全体成员暨家属的辛勤付出，正是由于你们的无私奉献，才使本次聚会活动进行得如此顺利。同时你们把我班聚会带到了一个新的高度，在下一届 G25"西安栋栋筹备组"前竖起了一座"喜马拉雅山"，不过栋栋组长表态说他已准备好了冰镐和钢锥，不爬到顶他就不下来。

在去往武汉的高铁上，我和龙同学坐在一起，龙同学说"来个自拍合影吧。"拍完之后

回到过去的宿舍看看(52栋207)，和小鲜肉师弟合影

老照片：20年前我和我的床(52栋207)
（别猜了，背后是陈明真）

我们离尚能饭否的廉颇还很远，篮球场上比划比划，年轻依旧

南望山下青春难忘

毕业20年后老同学同游黄鹤楼

建彬的太极风采

栋栋400m冲刺

我仔细看那照片，发现我的鼻翼有两道深深的"八字"、嘴角下翘，龙同学的发际线后退、脸显得有点肿大，最让我惊讶的是我们的目光已然不再锐利而是有了慈祥的味道，刹那间我突然意识到我们已经人到中年。

人到中年，身体机能不以意志为转移地开始走下坡路。人生到了这个阶段，赚钱固然很重要，但面对健康也只能排在后面，有了健康的身体，我们才能实现 25、30、35……50 年的毕业聚会，千万别聚会时少了谁！在健康方面，我班有两位杰出人士：建彬和栋栋。

建彬在一场大病后，师从湖北大侠沈健学习太极已逾五载。在地大操场上，他往左一挥手，我就感觉自己要往右边倒；他往右一挥手，我就觉得自己要往左边倒；他的双手在我面前画个圈，我就觉得我要翻筋斗。总之浑身上下都被他凌厉的气道所笼罩，完全看不出他曾经经历过大病的折磨。

栋栋则是通过长期的不间断的运动，锻炼出了一身肌肉疙瘩、八块腹肌，能够单手做

冥古宙43亿年的变质砾岩(镇馆之宝)

俯卧撑,现在400m还能跑进60s。说他是我军前少校,很容易被相信;说他是东南大学修路的专业博士,每次都会被反问"忽悠谁呢?有长成这样的博士吗?扛冰箱专业的?"。只要我们全班同学都能做到内练建彬一口气,外练栋栋一张皮,就一定能永葆健康,别说G50,就是G70我们也能一个都不少!

地大博物馆有块小小的石头,这不是一块普通的石头,这可是地球上最古老的石头之一:冥古宙43亿年的变质砾岩(地球年龄为46亿年),为镇馆之宝! 这块经历了海枯石烂、天荒地老的石头被情侣视作爱情的最佳见证,我想它能见证的绝非只有爱情,应该也能见证友谊! 今年我们都去看了这块石头,因此我们的友谊也被这块石头所见证,想到这里我就很激动!

5年之后,栋栋同学将在长安带领我们穿越历史,展望一下就能感到充满了诗情画意。我们先在大雁塔、古城墙下回顾唐僧取经,接下来去华清池、大明宫寻觅杨贵妃和武媚娘的芳踪,然后爬上终南山麓思念一下小龙女,最后登上华山之巅沾一沾令狐冲的侠气。同学们,G25西安我们不见不散!

注:022921班(资源学院1992级资源环境区划与管理专业)G20武汉聚会(2016年10月1日—3日)实到人数24人(郭志远同学有事提前离校,没赶上合影)。有6位同学因各种原因请假,很遗憾未能参加本次聚会。

(作者:1992级校友张恺洪)

周密策划　精心组织

——成功的11.12大会背后的故事

上海校友分会会旗

2016年11月12日22:30,开车刚到家连鞋都没换,我就在筹备组群里发了一句:"到家了,我们的活动很成功(后面是连续的3个"V")。"吕梁表秘书长回了一句:"是否成功,我们无法定性,但我们团队尽力了(后面是一只红玫瑰)。"

11月13日22:11,吕秘书长在群里转发了江苏校友王大志为本次大会（第八届中国地质大学校友分会会长/秘书长联谊会议 & 首届地质资源环境高峰论坛）写的一首诗——《昨天,你用了心 我动了情——致上海校友会》。

昨天,你用了心 我动了情

本以为是一次例行的聚会,
其实也就是一次例行的聚会,
让你弄得色彩斑斓、激情四射。
你用了心,我动了情!
一整天头痛得不行不行的我,
已经年过半百的我,
竟然和小鲜肉们一起,
在不知不觉中度过,
竟然和年轻人一样,
有了高潮、有了感悟,
　你用了心,我动了情!
　一个个鲜活的校友故事,
　我们读到了苦辣酸甜;
　一句句质朴的人生感悟,
　我们似乎是感同身受。
　师生情、同学意,交织激荡,
　你用了心,我动了情!
　校不分南北,
　人无论老幼,
　浓浓的一家亲,
　满满的正能量,
　你用了心,我动了情!

大志师兄写得很澎湃,我看得也很荡漾。大会成功的背后是上海校友分会的筹备组和志愿者们辛勤、努力、无私的付出,他们为此准备了整整6周。他们一次次地进行线上和线下的各种细节讨论和沙盘推演,怀着对母校的热爱夜以继日地工作,只为给全国校友交上一份满意的答卷。

一年前,成立刚满两年的上海校友分会获得了2016年全国校友会秘书长会长联谊会议的承办权。

年轻的上海校友分会特点鲜明、个性突出:核心层年富力强、组织扁平化,以金宗川会长为首的上海校友分会会长团核心成员不只是停留在纸版花名册、出现在高高的主席台上,而是能够被看得见、被摸得着的,他们频繁出现在各种校友活动场合,在上海广大

11 月 9 日第七次（最后一次）筹备会议现场

校友中认知度很高、威信很高。上海校友中从事非地质行业的占了大多数，他们对普通地质学和《勘探队员之歌》并不一定熟悉，但地大校友的共同身份让大家紧紧联系在一起，一旦有需要，招之即来、来之能战、战之能胜！上海校友分会的校友年轻化，以"85"后为主体，通过参加全国高校校友上海足球、篮球联赛等活动培养出了很强的集体荣誉感和归属感，勇夺两届上海高校校友篮球联赛桂冠，体现了这样一种作风——要不就不干，要干就尽一切努力干好！

2016 年 10 月 8 日上海校友分会成立了大会筹备小组，并召开了第一次筹备会议。磊哥（陈磊副会长）回顾了以往的联谊会议，指出应该增加新意、办出上海特色，开创性地提出了增加高峰论坛的环节，这是一个令人眼前一亮的金点子，立刻获得了筹备组的一致同意。磊哥随后向中国地质大学（武汉）校友总会汇报，并很快得到了校方的支持。本次大会的主题就此确定：校友分会会长/秘书长联谊会议 & 首届地质资源环境高峰论坛。

增加高峰论坛的内容让本次大会的承办难度成倍地增加了。吕秘书长为此罗列出了共 4 个大项、83 个小项的筹备工作安排，每周一次雷打不动地在金会长公司会议室开会，逐条检查落实。

金宗川会长特别提出了要办出上海的精细特色，让嘉宾的"客户体验"达到最佳。比如在接站环节，我们就做到了：每位嘉宾一出站就有我们的志愿者校友热情迎接，并将嘉宾送上预订好的专车。事实证明这样做确实起到了非常好的效果，给嘉宾留下了美好的印象。

大量的细致筹备工作需要大量的人力，这时上海校友们发挥了可贵的志愿者精神，踊跃响应。特别值得一提的是才走出校门的小姚（姚正源校友），他发挥同龄优势，联系到了十几位在上海同济大学等高校读研读博的地大师弟师妹们。这些还是在校生的师弟师妹们非常棒，他（她）们承担了"双 11"（周五）那天接站和签到的主要工作。还要特别

11月11日浦东机场接站组志愿者
（左起：王儒平、夏世初、吴斌、邵后东）

11月12日大会当天忙碌的签到组志愿者
（左起：马素敏、张博、谢如意）

感谢至今都没露过面的崔少乾校友，从事设计工作的他在百忙中无偿地为高峰论坛设计了会徽和签到背景墙。肖恺校友同样令人感动，在得知"双11"那天没有摄影师时，身为创业公司CEO（首席执行长）的他请了整天的假，在签到现场站着拍了一天的照。志愿者中诸如此类事迹，还有很多。

为了将本次大会办得不仅规格高，而且还要气氛热烈，筹备组决定将12日的晚宴主题定为上海本地校友的聚会派对，并请来专业乐队演出，同时邀请了王学海等明星校友亮相高峰论坛，并在大会召开前一周在广大上海校友中进行了密集、广泛、深入地宣传。效果出奇的好，短短3天报名人数就迅速突破150人的限额。所以在12日当天，无论是大会现场还是晚宴现场，人气都始终爆棚。

在筹措经费方面，有着成功经商背景的吕秘书长发挥特长：通过在大会现场展示企业易拉宝，向参会校友发放企业宣传资料等广告手段面向校友企业招商，最终收获了8家赞助商。吕秘书长此举不但有效地弥补了经费，更是给我们上了一场生动的现实版营销课。

衷心感谢以下辛勤工作的筹备组 & 志愿者校友们，你们组成了一个优秀的团队，上海校友分会因为有了你们而更加优秀。

崔少乾（高峰论坛徽标设计，背景墙设计）

周舍亮（接站）
宋菁菁（接站）
李子昂（接站）
费静燕（接站）
陈群（接站）
夏世初（接站）
邵后东（接站）
王儒平（接站）
平梦（签到）
谢如意（签到）
李险峰（签到）

余昌辉（签到）
李丽（签到）
马素敏（签到）
袁晓路（签到）
谭树英（报名表）
梅慧娟（拉拉队）
王陈华（拉拉队，财务）
张睿敏（拉拉队）
吴迪（主持，拉拉队）
苏碧哲（拉拉队）
杨程玲（拉拉队）
张博（财务）
孙丽梅（财务）

肖恺（摄影）　　　　　　　陈磊（会务）

杨维江（摄影）　　　　　　王闯（会务）

叶小杰（接送）　　　　　　姚正源（会务）

张雪（主持）　　　　　　　魏宏奎（会务）

王修平（车辆总调度）　　　蒋红（会务）

吕梁表（会务）　　　　　　张健（会务）

金宗川（会务）　　　　　　张恺洪（会务）

（作者：上海校友分会）

毕业30年同学聚会随想

27年前，
当我背着行囊离开地大的时候，
回望校门上镌刻的"中国地质大学"，
我轻轻挥了挥手，
地质大学，再见了！
因为她似乎并没有给我带来多少荣光。
那个年代，考上大学是件很光彩的事情，
但当被人问起录取的是什么大学时，
我说是地质学院，
问者给我的回应基本上是两句话，
搞地质钻山沟，很艰苦。
带着迷茫郁闷的心情，
我走进了当年的武汉地质学院
今天的中国地质大学。

南望山下的校园崭新但略显荒凉，
因为稀疏矮小的树木没有一片遮阳的绿阴。
戴着白底红字的校徽行走在校园里时，
心中涌出一点点的自豪，
因为我已是一名大学生了。
但当我走在路上或在公汽上，
碰上戴着华中工学院校徽的学生，
甚至武汉化工学院校徽的学生时，
心中总有一丝丝的自卑，
于是我默默把校徽藏在了箱底。

北戴河美丽的风景让我一度憧憬未来的地质生涯，
但周口店实习的艰辛让我失落，
秦岭深山里的蜂刺更是蜇痛了我疲惫的心，
我似乎已看到我的未来一片暗淡。
我想远离地质，逃离地大。

工作单位虽与地大共处一城，
但最初的十几年间，我很少回地大，
从事的工作也与地质渐行渐远。
我以为终于跟地大、跟地质没什么关系了。

但，
每当有人说他是地大毕业时，
我仍然会对他有一种亲切感；
每当和家人或者朋友游览名胜时，
我仍然乐意向他们介绍出露的岩石构造；
每当我浏览网站时，总会不由自主地进入地大的网站。

我以为远离了地质，
远离了地大，
其实没有。
每当填写简历时，
必然要填地质大学；
每当身心疲惫时，
就会想起上山背馒头，
下山背石头的岁月；
每当身处逆境时，
就会想起出野外睡猪圈的情形。

我以为我远离了地质，
远离了地大，
其实没有，
四年大学虽然短暂，
但它记录了求学时难忘的青春时光，
可曾记得阶梯教室占座位的紧张，
地勘楼灯火通明的晚自习？
可曾记得食堂里没什么油水的饭菜，
澡堂内热气腾腾的拥挤？

可曾记得野外实习时，
女生眼中的泪水，
男生脸上的憔悴？
可曾记得运动场上奋勇争先的拼搏，
寝室内打牌拱猪的欢喜？
可曾记得邢相勤老师的嗓门，
王燕老师的幽默，
徐启东老师的活泼，
丰淑庄老师的直率，
莫宣学老师的儒雅，
杨昌明老师的严厉？

大学四年虽然短暂，
但由此凝结的同学谊、师生情，
不曾因时间的流逝、空间的分隔而淡漠，
反而愈加浓烈。

我以为我远离了地质，
远离了地大，
其实没有，
地大的基因已融入我的血液，
地质事业是豪迈事业的教诲仍铭记我心，
勘探队员之歌仍响彻在我耳旁。
地学宽广豁达的思维模式已根植于我脑海，
求真务实的工作作风已成为我的行为准则。

时光如梭，
光阴似箭，
三十多年弹指一挥间，
校园内的小树已成参天大树，
绿阴成行，
我也从青涩小伙跨入知天命之年。
曾因就读地质大学而感到自卑，
现如今当有人问我是哪里毕业时，
我会自豪地说：地大。
因为，
是地大开启了我人生新的征程，
是地大教会了我审视事物的能力，

是地大培育了我艰苦朴素的品格，

是地大让我结识了人生中最重要的朋友

——我的每位同学。

当年

曾看见"地质大学"几个字就有点反感，

那是因为对地质科学的一知半解，

是因为对地大厚重文化的浅薄认知。

如今当我再次回眸这熠熠生辉的几个大字，

倍感亲切！

那是因为她是万千地大校友铸就的美誉与辉煌。

第一次从心底里说：

我爱你,我的母校——中国地质大学！

（作者:21821 班校友周平）

中国地质大学校园中茁壮成长的一棵小树

——试论加强图书质量管理的措施

2016 年是地大建校 64 周年,也是我毕业 30 周年。我与母校共成长,她在不断地走向辉煌,出版社在成长和壮大,我也在母校的多元化学习氛围中,由一名入职菜鸟变为资深出版人。衷心地感谢母校的各位老师和同事的培养、提携,并以此文向母校成立 64 周年献礼。由于篇幅所限,参考文献从略。再次感谢平时在工作、生活和学习上曾经指导和帮助过我的所有领导、老师和同学,是图书为我们架起了友谊的桥梁,让我们继续以此为媒介,为母校"双一流"建设做出更大贡献。

为认真贯彻落实党的十八届三中、四中、五中、六中全会精神,深入学习习近平总书记系列重要讲话,认真落实国家"十三五"出版规划,深化供给侧结构性改革,迎接党的十九大胜利召开,结合出版社自身的实际工作情况,地大出版社积极开展"质量管理 2017"专项工作的研讨活动,进一步完善落实质量保障制度,全面提高出版物质量。同时,扎实推动社会主义文化强国建设,推进文化创新,提高国家文化软实力,促进出版更多更好的优秀地球科学图书,努力打造"专、精、特、新"的一流的地球科学专业出版社。

一、图书质量管理检查的现状

近年来,随着出版行业由数量增长型逐步向质量效益型转变,图书质量检查的次数在不停增加、形式在不断变化、内容更是系统全面,现以我社 2016 年来的图书质量管理检查情况加以说明。

1.选题和书号管理的情况

(1)我社 2016 年选题实现情况为:年度出版计划总量 152 种,年度选题实现出版 88 种,实现率为 58%。第二季度补报出版计划总量 21 种,补报选题实现出版 19 种,实现率为 90%。第三季度补报出版计划总量 44 种,补报选题实现出版 32 种,实现率为 73%。第四季度补报出版计划总量 41 种,补报选题实现出版 21 种,实现率为 51%。

(2)我社 2016 年书号使用情况为:年度书号核发量为 219 个,已使用书号量为 191 个,使用量高达 87.2%,条码使用量为 203 个,成书信息报送量为 152 个,成书上传率达 74.8%。

2.质量保障体系建设和落实的情况

一直以来,我社坚持从源头抓起,强化过程控制,努力持续改进,全面提高出版物质量。在质量保障体系的建设和落实方面,重点抓好以下 5 个环节。

(1)全社上下高度重视。根据国家新闻出版广电总局(简称"总局")和湖北省新闻出版广电局(简称"省局")进一步加强出版物质量管理工作的要求,结合我社的实际情况,由社长、书记、副总编牵头,抽调编辑骨干组成专班,多次召开专题会议,提前研究、部署我社的质量管理工作,按照"增强意识、突出重点、确保落实、逐步完善"的思路,采取措施,加强管理。进一步使全社员工充分认识到出版物质量是我社建设和发展的生命线,具体工作从每本书抓起,切实履行各自的岗位职责,努力提高出版物质量,确保出版物"质量管理 2017"专项工作取得实效。

(2)选题策划的质量控制。选题策划要有服务社会的责任意识、预见市场的前瞻意识和推陈出新的创新意识,全面体现社会主义核心价值观和真善美正能量,了解需求并分析市场,预计选题价值和社会影响,突破固有思域的视角大胆发散思维,结合文化发展和市场变革创新策划思想。选题策划的质量控制包括选题的定位导向、市场调研、选题三级论证、重大选题备案制度等,以保证选题的质量,进而提高图书质量。

(3)编校过程的质量控制。切实坚持三审、三校、一通读制,加强初审、复审和终审环节的监控,要求编辑具有强烈的责任心、过硬的专业学术背景和深厚的编辑文字功底。严格审查原稿和一、二、三审小结与记录,要求稿历跟着书稿走,每完成一次编辑或审稿工作,都要及时总结和记录,以便下一步审稿工作的衔接和参考。另外,根据专业特长加强了社内外一、二、三审编辑人员数据库和有关专家数据库的建设工作。

(4)印装过程的质量监控。要求印前对所有新书的核红样进行抽查,并加强对重点图书核红样抽查的力度。核红样改好后最好再出一次白纸样,并且按顺序认真填写出版印数和质量控制流程表。印前对每本书封、扉、版再次进行认真核对,确保准确无误再下厂。在掌握印刷时间和控制印刷成本的同时,切实执行印前样书检查制度和入库前图书印装质量检查制度,以保证图书的质量。

(5)建章立制并具体实施。依据《出版管理条例》《图书出版管理规定》《图书质量管理规定》《图书质量保障体系》等文件并结合我社的实际情况,先后制定了《中国地质大学出版社管理规程》《中国地质大学出版社编辑管理及考核办法》《中国地质大学出版社图书质量管理办法》等一系列制度。

近年来,又发布了《中国地质大学出版社重大选题备案制度》《关于加强质量管理的通知》,重新设计制作《中国地质大学出版社出版印数及质量控制流程表》《中国地质大学出版社图书出版流程进度表》等,并建立了质量检查季报制度,对半成品、成品图书定期进行质量检查和评审,及时、准确地公布出版图书状况及出现的质量问题。对出现的质量问题,严格执行我社图书质量问题处罚规定,以促进出版物质量的全面提高。

3.图书质量的自查情况

按照总局和省局有关规定,我社已提前组织有关人员认真进行第一阶段筛查,清点了2016年以来所出版的各类图书共296种(其中新书202本)。我社是以地学大中专教材及专著为主的专业出版社,在选题管理方面,严格控制选题规划总量,不断优化选题结构,努力提高图书质量,持续增进出版双效。今年又配备了新的编辑力量,严格落实选题的三级论证制度,书号实名申领信息真实准确。在出版物质量方面,按10%的比例进行成书抽查,参与自查图书共20本。其中,专著7本、教材7本、一般图书6本。内容质量方面,内容健康,全部合格,未发现政治性问题。编校质量方面,差错率在0.13/万到0.77/万之间,均小于1/万,为合格产品。

此次自我检查,我社坚持严肃认真、严格要求、实事求是、客观公正的原则,明确提出要通过专项检查工作,进一步增强全体员工的质量意识、政治意识和责任意识,自觉落实有关图书质量管理规定,规范和完善质量保障体系,从制度建设、机构设置、人才保障、经费保障等方面予以落实;实施全面质量控制和管理,进一步提高出版物质量,不断强化"质量是出版社生命线"的理念。

二、图书质量检查存在的主要问题及产生的原因

从近年来图书的出版情况看,我社确实紧贴高等教育和社会需要,出版了很多高品质、双效益的图书,图书结构进一步优化,许多图书思想性、前沿性、实用性、可读性很强,不少还是国家项目、国家级重点教材,有很高学术价值的专业著作;编校质量、装帧设计和印制质量也在不断提高,体现了大学出版社的高度社会责任感,得到高校师生和社会的好评。但是,在参检图书的审读过程中,还是发现一些编校质量等方面的问题。

1.图书质量检查存在的主要问题

这些带有普遍性的图书质量问题,主要表现在以下4个方面。

(1)字词差错:存在音近字误用、形近字误用、错字别字、多字漏字等现象。

(2)语法差错:有搭配不当、语义重复、句子成分不完整等问题。

(3)图表差错:图有缺失经纬度、方向、比例尺、图例和图注等问题,表有差部分表头、表注、物理量和单位等问题。

(4)标点符号差错:标点符号用法不规范,顿号"、"逗号","和分号";"混用,半字线"-"、一字线"—"和波浪线"～"乱用等。

2.产生图书质量问题的主要原因

造成上述图书质量问题的原因各不相同,但主要有如下6点。

（1）质量责任意识不强，粗心大意。

（2）没有把好收稿质量关，真正做到"齐、清、定"。

（3）为争时间、抢速度，简化、弱化出版流程。

（4）编辑专业不对口，或是不熟悉所编图书专业。

（5）受编辑业务水平制约，包括文字功底和社会活动能力，以及对新信息、新知识、新技术吸收和应用等。

（6）出版一些"短、平、快"的图书。

三、提高图书质量的措施

针对图书质量问题，我社不断调整指导思想和管理措施，着重从以下几个方面加以改进。

1. 牢固树立质量第一的理念

国家新闻出版广电总局在其颁发的《图书质量管理规定》的第一章第一条就明确指出："出版社出版图书必须……坚持质量第一的原则，以社会效益为最高准则，注重社会效益和经济效益的统一。"客观地说，出版体制改革的深化、图书市场竞争的加剧，的确给我社带来了前所未有的经营和管理压力，经济效益成为我社生存、发展的重要课题。但经济效益的压力不能成为不顾社会效益、放松质量管理的理由。我们一方面应该严格按照党和国家的要求，以高度的党性原则和对社会负责的精神，坚持把图书的社会效益和质量放在首位；另一方面也应该深刻理解质量对图书品牌建设、对我社生存及持续发展的根本性作用。"以质量求生存，以特色求发展"，这句话可以说对我社一直都具有非常重要的现实意义和深远的历史意义。

2. 建立全方位的质量保障体系

对于图书质量，国家颁布了《出版管理条例》《图书质量管理规定》《图书质量保障体系》，我社同样也有多年来形成的一系列图书质量管理制度，如书稿的"齐、清、定"，编辑、校对的"三审三校一读"，质控部的最后把关，营销部的读者反馈等。但能否做好，关键还在于管理。"管理出效益、管理高质量"，有了严格、科学的管理，才能保证制度落实、人尽其责。通过有制度、章法可依，严格遵守国家和行业的相关规定，加强出版流程管理和监控，编辑（美术编辑、技术编辑）、复终审、校对、质检层层把关，使图书质量管理形成了一个全方位的质量保障体系。

3. 不断提高出版人才的素质

在新媒体融合时代，中国图书出版业的变化和发展趋势，对出版人才的素质提出了更高的要求，即要求出版人才素质必须立体化。不断提高出版人才的职业道德、政治素质和业务素质，是我们出版人才素质立体化的具体体现。

（1）提高出版人才的职业道德。出版人才的敬业精神和职业道德对于图书的质量都起着至关重要的作用，一个人无论从事哪一种职业都必须热爱这种职业，更应该按照他所从事的职业道德规范来行事，把谋生的职业当成献身的事业来做，在保证质量和社会效益的前提下再追求数量和经济效益,真正做到干一行、爱一行、敬一行、精一行。

(2)提高出版人才的政治素质。具体包括:①具有较高的政治理论水平,与党中央保持高度一致,把深入贯彻落实党的十八大以来的会议精神,努力践行社会主义核心观作为我们出版工作的指导思想;②具有坚定正确的政治立场和敏锐的政治洞察力是我们出版人才必须具备的基本素质,一方面从宏观上把握国际形势和国家的路线、方针、政策,另一方面从微观上洞察和发现社会生活中的"热点"和"潜在热点";③遵守和执行国家的法律和法规同样是我们出版人才应该认真做到的,既能用法律保护自己,又能做到不侵权、不违法。

(3)提高出版人才的业务素质。具体包括:①提高文化水平和专业知识水平,首先必须具备一门扎实的专业知识,其次要掌握比较广博的自然和人文社科知识,再者还要在"专才"的基础上做到"通才",把知识的深度和广度结合;②提高组织决策和经营管理的能力,通过加强经营管理,提高图书质量,降低图书成本,缩短出版周期,提高市场竞争力;③提高和培养社会活动能力及良好的心理素质,首先要与学术界、艺术界保持密切联系,了解学术界、艺术界研究动态和创作情况,掌握广大作者的研究课题和进展、创作能力和特长,其次还要具备创新、竞争、创造意识,以及遇变不惊、百折不挠的精神。

4.加强有效的学习与交流

为了尽快、全面地提高出版人才的素质,必须加强有效的学习与交流,主要包括以下4个方面。

(1)认真贯彻上级主管部门有关精神。认真学习和贯彻落实上级主管部门下发的文件精神,努力完成上级主管部门下达的各项任务,这对于把握出版行业的整体发展方向具有重要的现实意义。

(2)加强行业、社际之间的交流。加强出版行业、出版社之间及相关部门之间的交流,对于把握整个行业和市场行情,认识了解同行的发展现状具有积极的促进作用。

(3)加强社内的交流与学习。社内各部门及个人之间的交流学习,对于出版社提高整体发展水平具有现实意义,更能促进大家的感情交流,以便在工作中相互协助、提高效率。

(4)加强自我学习和提高。随着市场竞争的加剧和从业人员数量的增多,我们想要提高自己的竞争力,就必须不断地学习新信息、新知识和新技术,不断地充实、完善自己,把自己的职业规划和发展目标与国家的五年规划、学校发展方向和出版社的发展理念紧紧地联系在一起。

总之,通过参加图书质量检查等活动及其质量评估,能够让我们进一步了解图书质量管理的现实性和重要性。这体现在:加强图书质量管理,切实做到关口前移,从平时工作中发现问题、认识问题并且最终解决问题;严格遵守图书出版流程,对图书生产的每个环节实行过程监控;加强有效的沟通与合作,不断促进我社从业人员整体素质和图书质量的提高。这样,我社出版地球科学精品力作必定会更上一个新台阶,对学校的教学和科研工作也会起到更加积极的促进作用。

(作者:21822班赵颖弘)

校友及社会捐赠

武汉工商学院来校调研校友会、基金会工作

2016 年 3 月 11 日,武汉工商学院党委副书记孙松发一行 6 人来校调研。校友与社会合作处处长兰廷泽,副处长李门楼、卢杰,相关工作人员参加了座谈。

双方就校友会、基金会工作进行了交流。

座谈会现场

与会人员合影留念

武汉科技大学 来校调研基金会工作

2016 年 3 月 17 日,武汉科技大学校友会办公室主任陈志刚一行两人来学校调研基金会①工作。

基金会副秘书长李门楼介绍了学校基金会情况。双方就基金会项目管理、制度建设、小额捐赠、信息化建设等方面进行了交流探讨。

调研会现场

---

①基金会,全称中国地质大学(武汉)教育发展基金会,成立于 2010 年,是由中国地质大学(武汉)发起,在湖北省民政厅注册登记的非公募基金会。

基金会联合校摄影协会举办学校首届手机摄影大赛

　　为推广摄影文化，丰富学校校园文化，促进师生国际交流，增强校友凝聚力，学校教职工"山野"摄影协会发起举行学校首届手机摄影大赛，基金会联合校工会委员会、学生工作处、教育部出国留学培训与研究中心、校友会共同主办，为学校师生、校友提供了一个展示自我的平台。

　　大赛由学校教职工"山野"摄影协会和大学生"黑眼睛"摄影协会承办，自2016年4月20日起，面向全体教职工、在校学生、校友征集优秀摄影作品，拍摄主题为校园美景、迎新与毕业季、师生校园生活与假期生活、国际交流与游学见闻、校友活动等。

基金会公益金点子征集大赛答辩会举行

　　2016年4月21日下午，基金会公益金点子征集大赛答辩会在大学生活动中心306举行，基金会副秘书长李门楼、秘书处周迪，校团委指导老师黄蕾等担任本次答辩会评委。共6支项目团队进行了答辩。各团队通过PPT①展示，介绍了各自已经在运行或正在筹备的公益项目基本情况。

答辩会现场

---

①PPT，全称PowerPoint，即演示文稿软件。

通过微信投票、答辩评委终审，本次大赛共评选出 6 支优秀公益项目，如表 6-1 所示。

表 6-1　基金会公益金点子征集大赛答辩会评选结果

一等奖	爱心伞志愿服务
二等奖	校园拾碎创意大赛
	"为爱而声"——用歌声为公益代言
三等奖	废旧电池回收与利用
	便利单车行
	成立爱心支教基金会

基金会与共青团中国地质大学委员会将联合支持这 6 个校园公益项目的持续建设与发展。

基金会通过省民政厅 2015 年度年检获公益性捐赠税前扣除资格

基金会顺利通过湖北省民政厅 2015 年度年检，并获批省民政厅 2015 年度公益性捐赠税前扣除资格社会组织。从此，通过中国地质大学（武汉）教育发展基金会向学校的捐赠，将享受税前扣除，即"个人应纳税所得额的 30％"和"企业年度利润的 12％"予以税前

湖北省民政厅下发的文件

扣除。这是学校基金会连续 4 年获得税前扣除资格。

按照年检有关要求，基金会秘书处对 2015 年基金会工作进行了认真自查，委托会计师事务所出具审计报告，并完成网上填报年检工作。

校友会、基金会带领大学生志愿者团队暑期走访青年创业型校友

为宣传学校青年创业型校友，提升在校大学生创新创业能力，学校校友与社会合作处带领大学生志愿者团队——"爱校之心"社会实践团暑期赴上海、苏州、无锡三地进行走访校友活动。

在上海走访学校外国语学院1998级校友、上海点客信息技术股份有限公司总经理黄梦(右)

在苏州走访学校经济管理学院1998级校友、苏州市博得立电源科技有限公司总经理沙建龙(右三)

在无锡专访学校数理学院1998级校友、锡羿飞科技有限公司总经理王玲(中间)

基金会、校友会爱心助力迎新

2016年9月3日—4日,迎新期间,基金会、校友会带领学生志愿者在现场开展发放免费爱心矿泉水活动,为新生和家长送清凉。

迎新现场(一)

迎新现场(二)

基金会首届公益征文摄影大赛评审会举行

2016年11月3日,首届基金会公益征文摄影大赛评审会在校友与社会合作处会议室举行。校宣传部、团委、基金会秘书处老师代表及校学生志愿团队代表参加了评审。

本次大赛共有 9 项作品入围,评委们对所有入围作品进行了点评并对比赛结果进行了讨论。大家纷纷表示,基金会公益征文摄影大赛丰富了校园公益文化,希望能一直办下去。

通过微信投票及评委终审,比赛结果见下表 6-2。

表 6-2　基金会首届公益征文摄影大赛评审结果

奖项	作品名称	作者
一等奖	《公益活动之"爱就是陪伴"》	地球物理与空间信息学院—吴中方
二等奖	《山中花开》	资源学院—李艳
	《天梯人生》	资源学院—黄森鑫
三等奖	《美丽的太阳》	资源学院—王英烁
	《不负恩情,不负理想》	经济管理学院—贺鹏浩
	《暖心支教》	公共管理学院—张祖禹
优秀奖	《看见爱与成长》	环境学院—薛瑞
	《我把公益写给思念,寄给青春》	外国语学院—王飘然
	《中秋之夜》	机械与电子信息学院—宋铁

首届公益征文摄影大赛旨在为大家提供一个分享社会公益实践经历的舞台,让大家更多地去认识公益、了解公益,并积极参与公益活动。

学校教育发展基金会
"中基透明指数 FTI"再次获得满分

2016 年,基金会中心网权威发布 2015 年度"中基透明指数 FTI"排名,中国地质大学(武汉)教育发展基金会"中基透明指数 FTI"再次获得 100 分,这是学校教育发展基金会连续两年获得满分。截至目前,全国 436 家高校基金会,只有 14 家高校基金会获得满分。

中基透明指数 FTI 是一套综合指标、权重、信息披露渠道、完整度等参数,以排行榜单为呈现形式的基金会透明标准评价系统。自 2012 年中基透明指数 FTI 上线以来,引领了中国基金会行业快步进入信息时代,FTI 科学客观地诠释了"透明度"的涵义,树立了行业可量化的透明度标准,全面实现了基金会透明度的提升和基金会管理能力的跨越式发展。

中基透明指数 FTI 再次获得满分（数据来源：基金会中心网）

基金会秘书处参加第八届中国非公募基金会发展论坛年会

2016 年 11 月 22 日—23 日，第八届中国非公募基金会发展论坛年会在上海东方万国会议中心举行。基金会秘书处派代表参加了年会。

本次年会以"新格局新想象"为主题，邀请跨界嘉宾、公益领袖、专家学者，在"十三五"开局之年、社会经济发展进入转型关键期、《慈善法》和新的《基金会管理条例》出台之际，从多方面探讨中国基金会面临的发展机遇与挑战。

年会现场

中国非公募基金会发展论坛(China Private Foundation Forum,简称 CPFF)成立于汶川地震之后的 2008 年,是由中国社会组织促进会、北京大学教育基金会、南都公益基金会和友成企业家扶贫基金会等 8 家有志于追求机构卓越和行业发展的机构自愿发起设立的非正式网络平台。论坛在优化非公募基金会的生态环境、扩大非公募基金会的社会影响、提升非公募基金会的公信力、提高非公募基金会的自律能力和项目执行能力等方面提供全方位的专业服务,并致力于成为政府部门、学术机构、新闻媒体、公益组织之间交流、沟通与合作的对话平台,努力引导并推动中国民间公益慈善事业健康、规范、持续地发展。2016 年 11 月 23 日,第八届中国非公募基金会发展论坛年会上,中国非公募基金会发展论坛正式更名为中国基金会发展论坛。

基金会秘书处参加全国教育基金工作研究分会第十八次年会

2016 年 12 月 1 日—3 日,中国高等教育学会教育基金工作研究分会第十八次年会在汕头大学举行。学校基金会作为理事单位,基金会秘书处副秘书长李门楼等一行 3 人参加了年会,并提交了大会交流论文《我国高校基金会校友募捐机制研究》。

本次年会由中国高等教育学会教育基金工作研究分会主办,汕头大学教育基金会承办,共有来自全国 180 余所高校约 340 名高校基金工作代表参会。

中国高等教育学会教育基金工作研究分会理事长黄建华主持年会开幕式。

汕头大学执行校长顾佩华致辞,介绍了汕头大学的改革发展情况。

汕头大学教育发展基金会理事长徐宗玲致辞,分享了李嘉诚教育基金会在教育领域的捐赠项目情况。

中国高等教育学会原办公室主任沙玉梅讲话。

年会现场

南京大学教育发展基金会秘书长张晓东、武汉大学校友事务与发展联络处处长邓小梅就本校基金会和校友特色工作分别作主题演讲。

汕头大学法学院邓剑光教授结合《慈善法》,就相关政策对基金工作带来的影响和机遇进行了解读。

中国高等教育学会教育基金工作研究分会秘书长游睿山对基金会信息管理系统进行了介绍说明。

此外,年会还围绕高校基金会筹资方法、项目管理、财务管理、资金运作、行政及信息化5个方面的内容进行了分组讨论,参会代表结合本校工作开展情况进行了经验交流和发展探讨。

基金会第一届理事会第十二次会议召开

2016年12月30日,学校教育发展基金会第一届理事会第十二次会议召开。理事长张锦高主持会议。理事参加会议,监事、基金会秘书处和财务人员列席会议。

副秘书长李门楼汇报基金会2016年工作总结。

会议通过了第六次、第七次募集奖励方案。

会议通过了为楚雄龙江中学捐赠设立"南望学子奖助学金"等项目支出事宜。

因职务调整原因,兰廷泽同志辞去秘书长职务。会上,增补徐岩同志为基金会理事,选举徐岩同志担任基金会秘书长。

"无极道在校大学生创业孵化基金"
2016年首期创业项目路演举行

2016年3月20日,"无极道在校大学生创业孵化基金"2016年首期创业项目路演在大学生创新创业中心举行。无极道控股集团有限公司董事长、学校1991届校友孙政权一行3人组成投资人团队。

孙政权讲话。他针对路演的内容和时间的把控、商业模式画布模板的用法进行讲解,结合成功案例车联网商业模式进行详细说明。

此次路演采取"6+4"模式,即6分钟展示,4分钟答辩,创新地带、武汉零距智能科技股份有限公司、寒武印纪、勇川、NFC pay支付系统、地造者、青学教育咨询管理有限公司7个创业项目团队进行了现场展示及答辩。

孙政权对每个创业项目进行了专业分析和点评,并对大学生自主创新、勇敢创业的

路演现场

精神表达了充分肯定。他分享了自己的创业经历,鼓励在校大学生积极思考、开阔眼界、希望师弟师妹们能够成功成才,为学校增光添彩。

2014 年度"创新创业基金"结题答辩在校举行

2016 年 3 月 10 日,2014 年度"创新创业基金"结题答辩在大学生创新创业教育实践(孵化)基地举行,南望晶生珠宝有限公司、武汉迅牛科技有限公司等 10 个团队分别陈述,就一年多来取得的成绩、存在的问题、经费使用情况进行介绍。经济管理学院教授向龙斌、校友与社会合作处副处长李门楼、研究生工作部副部长陈慧、武汉纺织大学老师张座铭担任评委。

答辩结束后,向龙斌作点评。他指出,每个团队经过一年多的努力都取得很大的进步,未来发展有较大的空间。他鼓励各团队要不畏失败,始终坚定信心,争取取得更快进步。向教授也表示自己非常愿意和创业团队交流,有问题可以随时与他联系。

据悉,2014 年度大学生"创新创业基金"项目类共 29 支团队申报,16 支团队入围,资助总金额 13 万元。2015 年 5 进行的中期考核有 15 支队伍顺利通过。经过此次答辩,10 支队伍顺利结题。

武汉校友分会在换届大会现场捐 10 万元校园体育文化基金

2016 年 4 月 9 日,学校武汉校友分会换届大会在迎宾楼学术报告厅举行。校领导郝翔、傅安洲、赖旭龙、郝芳、万清祥,校教育发展基金会理事长张锦高,校友会副会长丁振国、邢相勤,部分校友分会负责人,各学院、相关职能部门负责人及在汉校友代表 150 余人参加了大会。

会议审议了《中国地质大学第三届武汉校友分会理事会人员建议名单》，选举产生了付书科等 40 位校友组成新一届理事会，推选地球科学学院 1996 届校友王学海为第三届武汉校友分会会长，熊友辉为秘书长。

王学海代表新一届理事会讲话。他说，新一届武汉校友分会将依托母校，通过微信等多种方式，全力凝聚在汉校友，为学校、校友事业的发展提供常态性支持和帮助。

熊友辉代表第三届武汉校友分会向学校捐款 10 万元，用于支持学校体育文化活动的开展。

上海校友分会会长金宗川、广东校友分会秘书长李长胜、河南校友分会秘书长卫红伟到会祝贺并致辞。

校党委书记郝翔讲话。他代表学校对武汉校友分会的换届表示热烈祝贺，

第二届武汉校友分会执行会长吴一民(右)
将武汉校友分会会旗授予王学海(左)

熊友辉(左)代表第三届武汉校友分会向学校捐款

希望新一届武汉校友分会在继承前两届武汉校友工作的良好基础上，借鉴世界优秀校友会的办会经验，精诚团结广大武汉校友，完备自身在校友与外界沟通的桥梁和纽带作用，使武汉校友分会成为地大校友分会中的典范。

学校登山队抵达北极点——顺利完成"7＋2"计划第七站

学校登山队于当地时间 2016 年 4 月 24 日 15:57(北京时间 21:57)，历时 7 天徒步抵达北极点，顺利完成"7＋2"计划第七站。

2016 年 4 月 12 日凌晨登山队一行 6 人由北京启程飞往挪威朗伊尔城，经过两天的前期准备，检查并补充了极地徒步所需的相关装备。因博内奥营地机场冰况不稳定，出现了 4 次冰裂，在等待两天后，登山队于 17 日 18:47 由朗伊尔城飞往博内奥营地，由于冰况逆向漂移，取消了原定宿营点，换乘直升机飞抵徒步起始点。除了需要适应滑雪板和雪橇，风和冷是最大的考验，一路上队员们面临着 $-50^\circ C \sim -40^\circ C$ 的低温、凛冽的寒风以及布满冰裂缝的恶劣环境，也出现了冻伤的情况，甚至是睡梦中差点掉进冰裂缝的危险。最终队员们齐心协力，克服重重困难于 24 日 15:57 分抵达北极点，并安全返回朗伊尔城，至此中国地质大学"7＋2"登山科考计划第七站顺利完成。

"7＋2"计划是指攀登七大洲最高峰，且徒步到达南、北两极点的极限探险活动。探

校登山队合影

队员在寒风中前行

登山队员展现"湖北武汉精神"

险者提出这一概念的含义在于，这 9 个点代表的是地球上各个坐标系的极点，是全部的极限点，代表着极限探险的最高境界。从 1997 年俄罗斯人 konyukhov Fedor 第一个完成"7＋2"计划，到目前为止的近 10 年间，全世界仅有十几个人完成此项探险，他们中年纪最大的 46 岁，最小的 32 岁。

各大洲最高峰分别为：亚洲珠穆朗玛峰（中国，8 844m）、南美洲阿空加瓜峰（阿根廷，6 962m）、北美洲麦金利峰（美国阿拉斯加，6 193m）、非洲乞力马扎罗峰（坦桑尼亚，5 895m）、欧洲厄尔布鲁士峰（俄罗斯，5 642m）、大洋洲查亚峰（新几内亚岛，5 030m）、南极洲文森峰（南极，4 897m）。

中国地质大学登山队"7＋2"计划指：从 2012 年开始，计划 4 年内完成被称为人类最顶级探险运动的"7＋2"，即 6 人小团队方式相继完成七大洲最高峰、南北极登顶。

迄今为止，该计划已得到深圳市缘与美有限公司、北京中坤集团投资有限公司、武汉兴得科技有限公司、武汉经发投集团、广州红企鹅户外用品有限公司、武汉开发投资有限公司、广州南方测绘仪器有限公司等单位的捐赠支持。

昌华电气设备集团有限公司向学校捐赠

2016 年 5 月 23 日，昌华电气设备集团有限公司（简称"昌华电气"）捐赠仪式在迎宾楼 3 号会议室举行。昌华电气董事长陈建华、常务副总经理李之银，副校长赖旭龙，新校区建设指挥部副指挥长刘杰，环境学院党委书记刘先国，基金会秘书长兰廷泽、副秘书长李门楼参加了仪式。

基金会秘书长兰廷泽主持仪式。

新校区建设指挥部副指挥长刘杰介绍捐赠情况。昌华电气将向学校进行为期5年的捐赠,每年捐赠人民币30万元,其中20万元用于新校区建设,10万元用于设立环境学院"昌华奖学金",用于环境学院学生的奖励资助。

昌华电气董事长陈建华讲述了自己的个人经历及企业的发展状况,感谢学校在公司发展过程中所提供的帮助和支持,并希望奖学金不仅用于奖励成绩优异的学生,还要资助那些品德高尚、家境贫寒的学生,发挥奖学金的"正能量",在激发学生学习热情的同时,也激励学生保持良好的道德修养。

新校区建设指挥部与昌华电气、校基金会
签署三方捐赠协议书

环境学院与昌华电气、校基金会
签署三方捐赠协议书

副校长赖旭龙(右)向昌华电气董事长陈建华(左)
颁发捐赠证书

与会人员合影留念

副校长赖旭龙代表学校对昌华电气的捐赠表示衷心感谢,并对昌华电气的未来发展表达了美好祝愿,希望昌华电气与学校的友谊地久天长。

环境学院党委书记刘先国表示一定落实好奖学金的使用,并教育学生学会感恩。

昌华电气设备集团有限公司,位于九省通衢的"新特区"江城武汉,是入驻武汉经济技术开发区的高新技术企业和守合同、重信用企业,拥有标准厂房28 000m²,固定资产投资1亿多元,综合产能达8亿元,目前年销售额4亿多元。随着中国经济的迅猛发展和世界经济的一体化进程而不断成长,现已成为在高低压输配电、高压多功能综合电能计量、高压电缆分接、工业过程控制、电能质量管理及高低压母线干线系统、高低压断路器等方面的杰出设备供应商,业务遍及全国各省市,在业内享有卓越声誉。

机械与电子信息学院
"爱贝尔 72911 奖学金"捐赠仪式举行

2016 年 6 月 21 日,美国爱贝尔有限公司捐资设立机械与电子信息学院(简称"机电学院")"爱贝尔 72911 奖学金",用于奖励机电学院优秀本科生、研究生。该捐赠为学校首笔境外美元捐赠。美国爱贝尔有限公司董事长、学校 1991 级校友黄海晖,校党委副书记傅安洲,机电学院院长丁华锋,校友与社会合作处处长徐岩,基金会秘书长兰廷泽及机电学院、基金会相关人员参加了捐赠仪式。

校友与社会合作处处长徐岩主持仪式。

机电学院院长丁华锋介绍学院基本情况,表示学院的发展离不开大家的共同努力,并对黄海晖校友表达了衷心的感谢。

黄海晖校友表示,作为 72911 班的毕业生,21 年后回到母校,感觉很亲切,并希望通过自己的"抛砖引玉"激发机电毕业生们的学习兴趣,培养出更多的创新创业型人才。

基金会秘书长兰廷泽承诺,基金一定会按照捐赠者意愿使用,做到透明、公正、公开。

校党委副书记傅安洲对校友心怀感恩,离校多年仍心系母校表示感谢,并介绍了基金会及学校的发展情况。

机电学院"爱贝尔 72911 奖学金",每年奖励优秀本科生 6 名,奖励标准为 4 500 元/人;每年奖励优秀研究生 4 名,奖励标准为 6 000 元/人。

三方签署捐赠协议书

校党委副书记傅安洲(右)为校友黄海晖(左)颁发捐赠证书

"包头城建创新奖学奖教金"在校设立

2016 年 6 月 25 日,包头城建集团股份有限公司董事长兼总经理刘江一行来校,就开展产学研进行交流,并捐赠 10 万元设立"包头城建创新奖学奖教金",用于奖励工程学院在科学研究、科技创新和创业实践中做出突出成绩的本科生、研究生和青年教师。校党委副书记成金华、工程学院院长蒋国盛、校友与社会合作处处长徐岩等相关部门负责人参加了捐赠仪式。

包头城建集团股份有限公司董事长兼总经理刘江(右)捐赠奖学奖教金

"无极道在校大学生创业孵化基金" 颁发仪式暨项目路演举行

2016 年 9 月 23 日下午,"无极道在校大学生创业孵化基金"颁发仪式在学校北区聚创楼大学生创业基地举行。无极道控股集团有限公司董事长孙政权先生、校友与社会合作处处长徐岩、大学生创新创业教育中心副主任易明以及部分大学生创业团队到场出席了本次仪式。

校友与社会合作处处长徐岩致辞,一方面高度肯定了我校创业学生敢想、敢拼、大胆实践的精神,另一方面也感谢孙政权先生给学生们的创业梦想"插上翅膀"。

2015 年 12 月 23 日,无极道控股集团有限公司向学校捐赠了 100 万元,设立"无极道在校大学生创业孵化基金"。经过 9 个月的项目孵化和 3 次投资路演,无极道控股集团有限公司遴选出以下 4 个项目进行种子轮的投资:以高校市场为主的 3D 打印体验馆投资 20 万元;服务于草根宽客投资人交流交易的平台——alphaquant 云端量化交易平台投

参加仪式的全体人员合影

资10万元;集交易、交流,租赁为一体的岩矿线上商城——岩语投资10万元;集就业、实习、职前培训于一体的网络平台——招聘汇投资10万元。孙政权先生给这4个创业项目颁发创业基金并表示鼓励与祝贺。

接下来,又一轮项目的路演进行。TCC汉语创业团队、旧好工作室、鸟之音、个人信用服务建设和"环保盒子"5个创业项目负责人讲解了自己的企业产品、发展规划、融资计划、实现情况以及对未来的展望,并在讲解之后对嘉宾问题做出答辩。在这次路演中,创业团队实现了创业项目与投资人的零距离直面对话、平等交流、专业切磋,促进了创业项目与无极道创业基金投资人的沟通和了解。

相信资金的对接和资本的进入能让创业学生们发展得越来越好。无极道在校大学生创业孵化基金遴选还在继续,请同学们继续关注大学生创新创业教育中心,积极加入聚创楼的项目路演。

深圳前海兰湾投资管理有限公司向学校捐赠

2016年,深圳前海兰湾投资管理有限公司通过基金会向学校捐赠250万元,主要用于支持学校体育部师生开展"7+2"登山项目之南极极点攀登活动。

中国地质大学登山队"7+2"项目从2012年开始,计划4年内完成被称为人类最顶级探险运动的"7+2",即以6人小团队方式相继完成七大洲最高峰、南北极登顶。

迄今为止,该计划已得到深圳市缘与美有限公司、北京中坤集团投资有限公司、武汉兴得科技有限公司、武汉经发投集团、广州红企鹅户外用品有限公司、武汉开发投资有限公司、广州南方测绘仪器有限公司等单位的捐赠支持。

前海人寿保险股份有限公司湖北分公司向学校捐赠

前海人寿保险股份有限公司湖北分公司通过基金会向学校捐赠 10 万元,设立"前海人寿基金",主要用于支持帮助学校贫困生,以及学生突发事件处置和开展善后工作。

校友李忠荣再次捐助重疾学生

"感谢大家在百忙之中仍不忘情系母校,并在母校同学需要帮助的时候第一时间向常丹慧施以援手,帮助一个花季少女渡过人生中的难关,在此,我代常丹慧再次向你们真诚地说一声:谢谢!"。

机械与电子信息学院 071141 班的卢怀英向学校福建校友分会、33781 班校友李忠荣及其朋友、家庭成员写来一封感谢信,感谢他们对常丹慧同学的及时捐助。

常丹慧同学是 071141 班学生,2016 年 9 月初,她出现贫血、发烧症状,后被确诊为急性髓系白血病,现入住北京航天中心医院接受第二个疗程的化疗。

得知常丹慧的病情后,福建龙岩籍校友、33781 班的李忠荣迅速组织福建校友分会、33781 班校友以及自己的家庭成员和朋友,发起募捐,共筹集捐赠款 65 000 元,并通过福建龙岩永翠慈善基金会汇入校基金会,该捐赠款已及时送至常丹慧手中。

李忠荣校友一直心系母校发展、关爱校友、奉献社会。自 1996 年开始,他先后资助了 70 多位贫困生完成学业。2008 年,他捐资成立了永翠慈善基金会,每年捐助公益慈善事业达 30 万~50 万元,用于资助贫困学生和困难群体。2010 年 4 月,在他的倡导下,龙岩中元酒店义工服务队成立。他还先后向学校捐赠 300 万元,用于修建学校北区新校门和修缮东、西区校门。他先后捐助珠宝学院身患白血病的吴季红同学 2 万元、捐助身患白血病的广东校友代风平 2 万元、捐助因公殉职的李祥龙校友家属 1 万元。

李忠荣校友发起筹集的这份善款犹如雪中送炭,给予常丹慧的不仅仅是经济上的资助,更是面对病魔的勇气与校友大爱沁心的温存,也彰显了"地大一家人"的地大校友情怀。

校友龚树毅倾情扶助贫困学子

2016 年 12 月 19 日,"佳源奖助学金"捐赠仪式在湖北公安县举行。公安县佳源水务有限公司董事长龚树毅,校党委副书记成金华,校友与社会合作处、学生工作处、研究生工作部、环境学院等单位负责人出席捐赠仪式。公安县佳源水务有限公司每年捐赠 40 万元,用于资助 30 名本科贫困生和 8 名从事基础研究的博士生,连续捐赠 25 年,共计 1 000 万元整,将扶助学校 950 名有志青年学子。

捐赠仪式现场（一）　　　　　　　　捐赠仪式现场（二）

公安县佳源水务有限公司董事长龚树毅，是学校原物探系1979级基础物探1班学生，毕业后在行政事业单位工作，2002年南下创业，曾有过一天打几份工的创业过程，也经历过投入上百万、千万做实验促进企业发展的阶段，现从事污水处理环保产业。在捐赠仪式上，龚树毅校友讲道："毕业后常常想起母校，如果没有接受大学4年的教育，也就没有我现在的发展。每年拿出一部分资金支持母校发展、帮助师弟师妹也是地大学子的一份责任。"成金华副书记在捐赠仪式上指出，龚树毅校友在企业发展资金压力较大的情况下，情系母校发展、帮助师弟师妹，表现出地大人艰苦朴素、敢于担当、勇于创新、感恩回馈的精神和家国情怀。他表示学校非常关注校友企业，将积极利用学校技术优势服务企业创新，加强校企合作，实现共同发展。他希望更多的学子和校友努力开拓事业，积极回报社会，弘扬互助友爱的社会主义新风尚。

成金华副书记一行还参观了公司、厂区，详细了解了企业生产经营状况。

刘鹏校友捐赠100万元设立"贝乐奖学金奖教金"

2016年12月23日，刘鹏校友捐赠仪式在外国语学院举行。学校英语专业1991届校友、宁波泰茂车业有限公司董事长刘鹏向母校捐赠百万元设立"贝乐奖学金奖教金"。校党委副书记傅安洲，学生工作处、基金会以及外国语学院广大师生参加了仪式。校友与社会合作处处长徐岩主持捐赠仪式。

外国语学院院长董元兴介绍捐赠背景。捐赠缘起刘鹏校友所在127881班暑期同学聚会，相聚产生了回报母校的意愿。经过与学院反复沟通，最终确认了捐赠事宜。

刘鹏校友致辞。他深情回忆说，在母校的生活与学习是他人生最重要的经历。毕业后，从山东到深圳、从香港到宁波等多地的打工和创业生涯，给他对教育尤其是高等教育的认知带来了深远的影响。母校赋予了他知识、能力，还有朴素的情怀，回报母校是理所当然。

刘鹏校友、基金会、外国语学院三方签署了捐赠协议。

校党委副书记傅安洲代表学校接收捐赠支票并向刘鹏校友颁发捐赠证书。

傅安洲讲话。他对刘鹏校友回馈社会、报答母校的举动表示感谢。他指出,刘鹏校友用奋斗和才干开创事业,用品牌在国际上赢得消费者信任,彰显了"品德高尚,基础厚实,专业精深,知行合一"的地大人形象,希望广大同学向刘鹏学习,为国家、社会做出更大贡献。

据悉,"贝乐奖学金"分为"贝乐外语之星奖学金""贝乐新青年就业奖学金""贝乐梦想助力金"3类。其中,"贝乐外语之星奖学金"每年奖励外国语学院优秀本科生、研究生20

校党委副书记傅安洲(右)代表学校接收
刘鹏校友(左)的捐赠支票

名,奖励标准为5 000元/人;"贝乐新青年就业奖学金"每年奖励外国语学院应届毕业生共50名,奖励标准为2 000元/人;"贝乐梦想助力金"用于支持学生开展社会调查研究及实践,每年设立总经费3万元。

全体合影纪念

"贝乐奖教金"每年奖励外国语学院优秀教师9名,奖励标准为8 000元/人。其中两名专用于奖励在指导外国语学院学生实习实践和创新创业方面有突出贡献的教师。

宁波泰茂车业有限公司主要经营童车、自行车、体育健身器材、乘骑玩具、金属制品等。公司打造的"Bailey"品牌已成为享誉海外的自行车品牌,进驻国外诸多城市的超市、商场。

第四届"王大纯基金奖学金"颁奖仪式举行

2016年12月23日下午,第四届"王大纯基金奖学金"颁奖仪式在教三楼110举行。"王大纯基金"主要倡议人和发起人殷昌平先生,校基金会副秘书长李门楼,王大纯基金会司库负责人环境学院梁杏教授,环境学院党委书记李素矿,工程学院党委书记陈飞,环境学院党委副书记朱继,工程学院副院长王亮清教授、党委副书记江广长,学生辅导员,获奖学生和学生代表参加了颁奖仪式。

环境学院党委书记李素矿主持颁奖仪式。

颁奖仪式现场

陈飞致辞。他介绍了"王大纯基金"发起过程与设立目的,并希望获奖同学戒骄戒躁、再接再厉,既要有"一览众山小"的豪迈气概,更要有"山外青山楼外楼"的清醒头脑。要求水工环①专业同学要刻苦学习、奋发向上,继承并发扬勇攀高峰、敢于担当的地大精神,努力成为像王大纯先生一样的科学家。

梁杏教授简要介绍了王大纯先生"求实、实际、实在、朴实"的优秀事迹和良好品格。她说,设立"王大纯基金"是传承弘扬"王大纯精神"的体现。她从学院层面公开评选、基金评选委员会评审、基金委员会审议等方面介绍了评选过程,对2016年度"王大纯基金奖学金"的4名"王大纯创新奖学金"获得者和14名"王大纯励志奖学金"获得者进行了详细介绍。

李门楼宣读了第四届"王大纯基金奖学金"表彰决定。他要求获奖同学要常怀感恩之心,铭记学校与老师的悉心教导。勉励同学们要再接再厉、努力钻研,为水工环科学事

---

① 水工环:水文地质、工程地质、环境地质。

业做出卓越的贡献。他希望全校师生共同努力，弘扬"王大纯精神"，将"王大纯基金"打造为"百年基金"。

2016年度"王大纯创新奖学金"获奖者杨逸君、2015年度"王大纯励志奖学金"获奖者唐豪杰先后发言，感谢王大纯基金会给予的肯定与鼓励。他们表示，将以更加认真的态度，勤奋进取，秉承"艰苦朴素、求真务实"的校训精神，用自己所学为水工环事业做出贡献，以此回报基金会、回报学校、回报社会。

殷昌平先生、梁杏教授和王亮清教授分别为获奖同学颁发荣誉证书。

殷昌平讲话。他表达了对学校、老师的感恩之情，热情回答了同学们现场提出的关于就业、人生最迷茫的阶段、对年轻的自己要讲的话等问题。殷先生把成功人士和自身成长经历与同学们进行了分享，他希望同学们要积极乐观地面对一切，坚持做自己喜爱的事业，为水工环科学做出更大贡献。

李素矿讲话。他说，殷昌平校友引经据典、现身说法、热情洋溢的讲话，对获奖者是一种叮咛、教诲和嘱托，同学们一定要铭记、要践行。他要求同学们要上好每一堂课、读好每一本书、写好每一篇论文、做好每一个项目，要感恩每一位老师、尊重每一位同学、珍惜每一份友谊，做爱党、爱国、爱家、爱校、爱学、爱习的学习

殷昌平(右三)为"王大纯创新奖学金"获奖者颁发荣誉证书

殷昌平校友讲话

合影留念

先锋。他说，工程学院与环境学院同根同源，是花开两朵的"并蒂莲"，同学们要弘扬科学家精神，追求学术卓越，追求理想信仰，在水工环科学领域，做最美、最帅的"工程人"，做最美、最帅的"环境人"。

据悉，自2013年开始，著名的水工环地质专家和教育家王大纯先生的生前好友和学生联合发起成立"王大纯基金"，以本金生息或投资收益，在中国地质大学(武汉)设立"王大纯基金奖学金"。"王大纯基金奖学金"包括"王大纯励志奖学金"和"王大纯创新奖学

金"。"王大纯励志奖学金"奖励家庭经济困难、品学兼优的本科生,"王大纯创新奖学金"奖励在学术、科研等方面有重大突破,为学校建设或经济社会发展做出突出贡献的研究生个人或团队。该奖学金已在环境学院和工程学院连续评选3届,共资助51位同学,资助金额达40.6万元。

学校登山队登顶南极最高峰并徒步抵达南极点

——"7+2"登山科考活动圆满收官

北京时间2016年12月25日6:16分,学校登山队克服天气恶劣与严寒等诸多困难,以巨大的勇气和挑战精神,在白雪皑皑的南极洲成功徒步抵达南极点。而在稍早之前的北京时间12月14日2:30分,登山队还成功登顶南极洲最高峰——海拔4 897m的文森峰。这标志着学校自2012年以来利用4年多的时间,完成了世界七大洲最高峰的攀登和北极点、南极点徒步穿越的壮举,成为世界上首支由在校师生组队实现这一壮举的大学登山队,创造了中国高校体育运动史上的传奇。

25日早晨,登山队队长董范教授在南极洲利用海事卫星电话向学校报告了这一消息。在南极点,队员们通过录像录音设备,给全国人民拜年,祝祖国繁荣富强,祝全校师生新年快乐。

此次挑战南极的6名队员分别是:队长董范教授,副队长牛小洪副教授,科考队长陈刚教授,队员德庆欧珠、次仁旦达、何鹏飞。与常规意义上的登山运动不同,学校的登山活动,历来与科学考察工作一路相随。如此次作为科考队长的测绘专业博士生导师陈刚教授,考察了南极点附近的板块运动状况及地学特性,这对南极现代地壳运动和内陆冰盖及其动力学研究具有重要意义。

南极文森峰是在约2 000m的冰床上突起的高山,被称为"死亡地带"。南极点位于南纬90°,徒步时周围温度-60℃~-40℃,为了保护环境,徒步南极点过程中队员们不会留下任何东西,所有的生活用品,包括生活垃圾都随身携带。在挑战极限中,队员们不仅要应对极端气候,还要全程负重前行,这对人的意志力具有相当巨大的考验。

为了彰显新时期地大人的拼搏精神和挑战精神,从2012年起,学校发起并开始实施"7+2"登山科考活动。所谓"7+2",指世界七大洲最高峰和南、北两极极点,代表着极限探险的至高境界。据了解,目前学校登山队已经成功登顶亚洲珠穆朗玛峰、欧洲厄尔布鲁士峰、非洲乞力马扎罗山、澳洲科休斯科峰、南美洲阿空加瓜峰、北美麦金利峰,并成功徒步北极点。本次登顶南极最高峰并徒步抵达南极点,标志着学校"7+2"登山科考活动圆满收官。

迄今为止,该计划已得到深圳市缘与美有限公司、北京中坤集团投资有限公司、武汉兴得科技有限公司、武汉经发投集团、广州红企鹅户外用品有限公司、武汉开发投资有限公司、广州南方测绘仪器有限公司、深圳前海兰湾投资管理有限公司等单位的捐赠支持。

附件1:2016年捐赠项目收入表

序号	捐赠项目	捐赠金额 (人民币元)
1	"龙岩永翠基金"捐赠款	85 000.00
2	"恒顺矿业奖学金"	10 000.00
3	校友活动基金	6 186.63
4	"聚帮客学子成长基金"	4 000.00
5	"周大福奖学金"	225 000.00
6	"同心奖学金"	200 000.00
7	"辉景奖学金"	20 000.00
8	本科生"桃李基金"	7 428.00
9	"李大佛奖学金"	100 000.00
10	"花蕾筑梦基金"	34 862.8
11	上海校友分会、020021班校友、地化专业15021/15022班捐"校友文化基金"	50 000.00
12	汤洪波、心触动(武汉)文化传媒有限公司、北京明道文化传播有限公司 捐赠学生群众体育活动款	30 000.00
13	"昌华奖学金"	100 000.00
14	昌华电气设备集团有限公司捐赠新校区建设	200 000.00
15	共青城无极道青创服务有限公司捐赠"无极道基金"	1 000 000.00
16	人福医药集团、厦门三烨传动机械有限公司、陈彦国、刘基捐赠"体育文化基金"	130 000.00
17	晋江慈善总会捐赠"伟志股份助学金"	100 000.00
18	"包头城建集团奖学金"	100 000.00
19	东莞新嘉体育用品有限公司捐赠"体育基金"	100 000.00
20	来力捐赠校歌制作	5 000.00
21	中国教育发展基金会抗洪救灾专项	800 000.00
22	"广东校友会基金"	43 397.05
23	"紧急救助基金"	7 481.1
24	深圳前海兰湾投资管理有限公司汇捐赠款	2 500 000.00
25	宋秀龙"汇前海人寿保险基金"	100 000.00
26	上海未尔弗翔新投资管理有限公司捐赠校园文化建设	100 000.00
27	富德生命人寿保险股份有限公司捐赠款	200 000.00
28	地大隧道工程	610.00
29	地球科学学院1992级校友捐赠款	45 000.00
30	"贫困新生爱心基金"	2 015.00
合计		6 305 980.58

附件 2：2016 年捐赠项目支出表

序号	捐赠项目	支出金额（人民币元）
1	"锐鸣奖学金"	250 000.00
2	"学海学生骨干发展基金"	99 837.00
3	1954 届校友奖学金	5 000.00
4	"无锡金帆奖学金"	50 000.00
5	"海印股份奖学金"	95 000.00
6	"恒顺矿业奖学金"	60 000.00
7	"中坤奖学金"	40 000.00
8	"天和众邦奖学金"	9 000.00
9	"缘与美奖学金"	98 000.00
10	"周大福奖学金"	225 000.00
11	"钻石有情，生命无价"周大生救助基金	5 000.00
12	"X-doria 奖学金"	2 500.00
13	"厦门三烨奖学金"	65 000.00
14	"晓光助学金"	40 000.00
15	"朱训青年教师奖励基金"	25 000.00
16	"信才奖学金"	35 000.00
17	"王大纯基金"	144 000.00
18	"水科学之星奖学金"	15 000.00
19	"四方奖学金"	200 000.00
20	"无锡钻通奖学金"	82 000.00
21	"江西校友会奖学金"	60 000.00
22	"研 84 专项奖学金"	15 000.00
23	地球物理与空间信息学院"校友奖励基金"	103 000.00
24	"华睿奖学金"	18 000.00

续附件 2

序号	捐赠项目	支出金额 （人民币元）
25	"六福奖学金"	50 000.00
26	"黄海机械奖学金"	35 000.00
27	"银之梦奖学金"	40 000.00
28	"华狮化工奖学金"	10 000.00
29	资源学院"校友实践创新奖学金"	15 000.00
30	"李大佛奖学金"	50 000.00
31	中国地质大学地质调查院"研究生奖学金"	10 000.00
32	"ASM 奖学金"	44 800.00
33	"紧急救助基金"	7 481.10
34	"龙岩永翠基金"捐赠款	75 000.00
35	"校友活动基金"	7 290.00
36	"聚帮客学子成长基金"	4 039.00
37	功能碳纳米材料实验室建设	11 400.00
38	李忠荣校友支持北区新校门建设	2 000 000.00
39	三江中电设计竞赛资助奖励基金	6 022.50
40	宝得能源科技支持青年创新创业中心建设	399 056.99
41	汇通锦华支持校团委校园文化建设	88 829.10
42	王学海校友支持共青团大学生素质拓展	175 829.78
43	丰达地质工程公司支持幼儿园建设	19 740.00
44	地球物理与空间信息学院 1979 级校友捐赠款	69 263.00
45	恒顺矿业支持资源学院学科建设	2 150.00
46	2015 年"博士生学术创新奖学金"	250 000.00
47	2014 年"大学生创业基金"	26 750.00
48	2014 年"大学生社会调查基金"	9 381.00

续附件 2

序号	捐赠项目	支出金额 (人民币元)
49	2015 年"大学生志愿服务公益基金"	50 000.00
50	2014 年"校友与社会合作研究基金"	37 021.20
51	"花蕾筑梦基金"	57 256.40
52	北京明道文化传播有限公司等支持群众体育活动	12 620.00
53	"无极道在校大学生创业孵化基金"	200 000.00
54	人福医药集团等捐赠"体育文化基金"	89 214.00
55	东莞新嘉体育用品有限公司支持群众体育活动	21 156.00
56	来力支持校歌视频制作	3 000.00
57	中国教育发展基金会抗洪救灾专项	799 990.00
58	地球科学学院 1992 级校友捐赠款	31 500.00
	合计	6 450 127.07

校园之窗

2014—2015学年度学生表彰大会举行

2015年12月31日晚19点,学校在弘毅堂举行2014—2015年度学生表彰大会。校长王焰新,校党委副书记傅安洲,副校长唐辉明、赖旭龙、郝芳,1990级校友、武汉四方光电科技董事长熊友辉,相关部门负责人,师生代表参加会议。

傅安洲宣读表彰决定。地球科学学院X11133班等35个班获评"先进班集体",地球科学学院010121班等31个班获评"先进班集体标兵",陈碧莹等523名同学获得"国家励志奖学金",严董纾等696名同学获得"中国地质大学英才奖学金"等13项奖学金,周尚哲等548名同学获得"中国地质大学企事业单位、社会团体及个人奖学金",张友军等125名研究生获得"专项奖学金"等。

表彰大会现场

王焰新、傅安洲、唐辉明、赖旭龙、郝芳、熊友辉分别为获奖先进班集体、获奖学生颁奖。

"国家奖学金"获得者、环境学院边潇同学等获奖代表发言。他们表示,作为新一代地大学子,要勤学励志,勇于争先,传承地大精神。

校长王焰新讲话。他与同学们分享了2015年学校在人才培养、学科建设、高层次人才队伍建设等方面取得的成绩。他希望,同学们树立远大理想,做好学业规划;坚持博览群书,积极拓宽视野;勤奋刻苦,脚踏实地。他表示,2016年学校将精心谋划并启动实施"十三五"规划,坚持内涵发展、依法治校,自觉遵循教育规律和人才成长规律,始终把"人民满意"作为办学的价值尺度,始终把"追求卓越"作为办学的理想追求,始终牢记并切实担负起"建设地球科学领域世界一流大学"的历史使命,与广大师生一道,深化改革、追求卓越、争创一流。

学校"行星科学研究团队"
获评全国大学生"小平科技创新团队"

2016 年 1 月 25 日,从共青团中央获悉,学校"行星科学研究团队"获 2015 年度全国大学生"小平科技创新团队"称号。

"行星科学研究团队"依托学校地球科学学院行星科学研究所,由地球科学学院张昊教授担任指导老师,主要开展各类地质样品的二向反射和光谱学研究及在行星地质中的应用研究。团队通过自主搭建的实验仪器,对各类地质样品进行二向反射测定,并检验各反射模型的表现,为我国发展深空遥感探测发挥积极作用;通过实验室模拟无大气天体表面的空间风化作用,研究空间风化的成因机制及其影响,尝试解决小行星光谱和陨石光谱无法匹配这一难题。团队梯度完善,由教授、讲师、博士、硕士、本科生组成,具有良好的研究基础,同时兼顾学科交叉和协同创新,与美国夏威夷大学、乌克兰哈尔科夫国立大学天文台、澳门科技大学、中国科学院遥感与数字地球研究所和中国科学院西安光学精密机械研究所均有科研合作或协作。近年来发表 T1 期刊论文 2 篇,提交科技发明专利 1 项,授权软件著作权 1 项。

据悉,"小平科技创新团队"是"中国青少年科技创新奖励基金"资助项目,2015 年全国共计资助 50 个团队。"中国青少年科技创新奖励基金"是在 2004 年邓小平同志百年诞辰之际,根据小平同志的遗愿,小平同志亲属捐献出小平同志生前全部稿费,委托共青团中央、中华全国青年联合会、中华全国学生联合会(简称"全国学联")、中国少年先锋队全国工作委员会共同设立的。

吴佳入选"全国励志成长成才优秀学生典型"

2016 年 3 月 1 日,第二届"国家资助 助我飞翔"全国励志成长成才优秀学生典型评选活动结果揭晓,学校计算机学院吴佳博士经过逐级推荐和选拔,被评为"全国励志成长成才优秀学生典型"。

吴佳是学校计算机学院 2011 级博士生,现就读于澳大利亚悉尼科技大学(国家留学基金委公派项目资助)。他从小因医疗事故致双腿残疾,无法正常行走。然而身体的缺陷、家庭的困难并没有消磨他的斗志,他用倔强和坚忍一路坚持,走到今天。大学期间,他生活态度积极,乐于助人,成绩优异,荣获"国家奖学金""国家励志奖学金""研究生国家奖学金"等,并获得中国机器人大赛(国家级)二等奖 7 次、一等奖 1 次。2008 年,被学校评为"感动地大人物",并荣获 2011 年度"湖北省大学生自强之星"及"全国大学生自强之星"提名奖。他的事迹被《湖北日报》《武汉晚报》、新华网等媒体报道转载。

目前,吴佳在数据挖掘领域共发表顶级国际 SCI、EI 期刊论文 30 篇。其中,中国计算机学会(CCF)推荐排名 A 类期刊 2 篇、B 类期刊 4 篇,A 类会议 1 篇、B 类会议 4 篇,并于2012年5月获亚太知识发现和数据挖掘（PAKDD）竞赛亚军。他曾多次赴美国参加世界顶级计算机国际会议，获得过学校"优秀博士学位论文创新基金"，还担任过国际数据挖掘大会（IEEE ICDM）等计算机领域高水平国际会议的评委等。

"国家资助 助我飞翔"全国励志成长成才优秀学生典型评选活动自2013年开始举办，每两年举办一次，旨在宣传国家资助政策及育人成效，引导激励广大受助学生奋发自强、立志成才、感恩奉献。此次全国共评选出100名励志成长成才优秀学生典型。

学子王淼登上央视《中国诗词大会》

2016年3月25日，学校公共管理学院171122班学生王淼登上中央电视台《中国诗词大会》。

《中国诗词大会》是为贯彻落实习近平总书记关于弘扬中华优秀传统文化的指示精神，为让古代经典诗词深深印在国民大众的脑子里，成为"中华民族文化基因"，而由中央电视台科教频道推出的一档大型文化类演播室益智竞赛节目。去年，经层层选拔，王淼获得中央电视台《中国诗词大会》的参赛资格，参与该节目录制。

王淼参加《中国诗词大会》

学校注重开展中华优秀传统文化主题教育宣传实践活动，让优秀传统文化进课堂、进校园、进心灵，增加学生在传统经典文化方面的积累和精神积淀，让优秀传统文化的芬芳浸润学生心田，浓郁了文化传承创新的氛围。

中国地质大学（武汉）登山队徒步到达北极点

新华通讯社西藏分社于2016年4月25日体育专电中国地质大学（武汉）登山队6名队员于当地时间24日14时徒步到达北极点，顺利完成"7＋2"计划第七站，预计年内将完成全部挑战计划。

队员次仁旦达介绍，队伍从挪威出发至极地大本营博内奥营地，从北纬89°21′徒步至北极点，全程约110km，全体队员在7天内克服重重困难成功抵达目的地。

途中，队员面临着零下40℃低温、肆虐的寒风和遍布的冰裂缝等恶劣环境。北冰洋冰川加速消融，冰面挤压产生的凹凸路段和冰河数量惊人，也给徒步探险带来不小挑战。队员拖拽数千克重的雪橇通过凹凸路段异常困难，另外还需时刻提防北极熊的袭击。

据了解,这支登山队此前已登顶非洲最高峰乞力马扎罗、欧洲最高峰厄尔布鲁士、南美洲最高峰阿空加瓜、大洋洲最高峰查亚、北美洲最高峰麦金利和亚洲最高峰珠穆朗玛。

完成北极徒步后,这支登山队还将对南极洲最高峰文森峰发起冲击,并将开展徒步至南极点活动。

学校在世界大学生羽毛球锦标赛获佳绩

2016 年 9 月 12 日—18 日,第十四届世界大学生羽毛球锦标赛在俄罗斯拉缅斯科耶市举行,学校公共管理学院杜芃、郭凯、林英诗雨 3 名同学作为中国队队员参加比赛。

在混合团体赛比赛中,中国队小组赛一路过关斩将三连胜,以第一名的成绩进入第二阶段淘汰赛。之后,中国队淘汰德国队,并战胜实力雄厚的韩国队后顺利晋级决赛。决赛中,中国队遭遇强队中华台北队,虽经艰苦奋战仍不敌对手,最终负于中华台北队。学校队员作为团体主力全程参与了混合团体比赛,为中国队获得亚军立下汗马功劳。

单项比赛中,学校杜芃同学作为女双队员,与队友密切配合,不畏强手,克服伤痛困扰,最终战胜对手,荣获此次比赛的女双冠军。郭凯同学经过奋力拼搏荣获男单季军。

据悉,世界大学生羽毛球锦标赛每两年举办一次,本次有来自韩国、日本、马来西亚等 14 个国家的 100 余名选手参赛。

牛笛在世界大学生攀岩锦标赛勇夺一银一铜

2016 年 10 月 12 日—16 日,"第一届世界大学生攀岩锦标赛"在上海举行。来自体育课部的牛笛同学获得了个人全能亚军和攀岩赛季军。

学校攀岩队经过两年多的认真备战,多人次入选大学生国家集训队,最终有牛笛、蒋

牛笛同学勇夺个人全能亚军和攀岩赛季军

融、张灵芝、王枫棋、沈世言5名队员入选中国大学生代表团。经过5天激烈的角逐和奋勇拼搏,牛笛同学获得了个人全能亚军和攀岩赛季军,这也是本次赛事中国代表团取得的最好成绩。

据了解,此次比赛由国际大学生体育联合会主办,中国大学生体育协会、东华大学共同承办。这是国际大学生体育联合会首次为攀岩运动举办的最高规格比赛,是世界大学生攀岩的顶级赛事,共吸引了来自中国、俄罗斯、美国、澳大利亚等17个国家的119名大学生攀岩高手参加。

学校在"创青春"全国大学生创业大赛上获佳绩

2016年11月19日,2016年"创青春"中航工业全国大学生创业大赛终审决赛在电子科技大学落下帷幕,学校选送的6支团队获得全国银奖1项、铜奖5项。

学校的"基于PCC改性工艺的纯水再矿化技术及其产业化"项目获得创业实践挑战赛银奖。该项目依托于学校特色学科优势和地质资源平台,致力于基于PCC[①]改性工艺的纯水再矿化技术及其产业化的可持续发展,旨在大力提升水健康标准。

此外,学校《城市排水管(涵)原位浇筑修复技术产业化》《"脚爬客——地质公园之家"商业计划书》《三维追踪还原古建文物的VR素材库构建及商业开发创业计划书》《武汉零距智能科技股份有限公司》《环保盒子创业计划书》5件作品获全国铜奖。

学校自2015年6月正式启动"创青春"全国大学生创业大赛备战工作,在各学院和培养单位的大力支持下,共有69支团队参与了选拔,通过校赛遴选、重点项目培育、省赛项目遴选等环节,共有12支团队代表学校参加"创青春"湖北省赛,并获得5金、4银、3铜的佳绩,最终5支金奖团队和1支银奖团队顺利入围全国决赛。

本次大赛由共青团中央、教育部、人力资源和社会保障部、中国科学技术协会、中华全国学生联合会、四川省人民政府主办,吸引了来自全国2 200余所高校的11万余件参赛作品报名,百万大学生参与。经过各省、市、自治区省赛和全国复赛的选拔,共有来自全国220所高校的339件作品入围终审决赛,其中创业计划竞赛作品224件、创业实践挑战赛作品110件、公益创业赛作品65件。

"创青春"大学生创业竞赛在"挑战杯"全国大学生创业计划竞赛基础上提档升级,以"中国梦,创业梦,我的梦"为主题,以培养创新意识、拓展创意思维、提升创造能力、造就创业人才为宗旨,每两年举办一次。

---

①PCC指一种可塑造的颜料沉淀碳酸钙。

校史展示

2012 年大事记

1 月

4 日 湖北省教育厅公布 2011 年度湖北省高等学校省级精品课程名单，杨坤光负责的地质学基础、黄生根负责的基础工程、陈建平负责的高层建筑结构设计、吴北平负责的测量学入选。

13 日 学校公布第二届师德师风道德模范评选结果，马昌前、靳孟贵、李同林、潘和平、蔡之华榜上有名。

15 日 王焰新与日本东北大学校长井上明久签署两校合作协议。根据协议，双方将在联合开发和承担科学技术研究项目等方面开展合作，同时促进两校间师生的交流，双方每年可互换 3 名学生到对方大学学习。协议有效期 5 年。

19 日 湖北省委高校工作委员会（简称"湖北省高工委"）、湖北省教育厅公布湖北省第二届大学生心理健康教育优秀成果评选结果，吴和鸣主持的"高校心理督导体系建设"获一等奖。

29 日 教育部高校学生司发文表扬全国高等教育学籍学历管理工作"先进集体"和"先进个人"，学生工作部（处）入选"先进集体"。

2 月

20 日 湖北安全生产监督管理局（简称"湖北省安监局"）、中国地质大学、国家开发银行湖北省分行驻麻城市工作队被评为"2011 年度省直新农村建设工作队先进工作队"。

21 日 学校召开 2012 年标准化考点建设工作会议。学校将建 100～110 个标准化考场，2012 年底投入使用。

3 月

7 日 湖北省人力资源和社会保障厅、湖北省国家保密局授予学校党委办公室"全省保密工作先进集体"称号。

7 日 教育部办公厅通报表扬"2011 年度报送信息先进单位""先进个人"，学校获评"2011 年度向教育部报送信息先进单位"，丁为获评"2011 年度向教育部报送信息先进个人"。

21 日 学校生物地质与环境地质国家重点实验室揭牌。

23 日 武汉市市长唐良智率市政府相关部门和城区负责人到学校现场办公，就学校建设资源环境科技创新基地暨新校区、汉口校区处置等问题进行研究并做出决定。

25 日 学校举办首届国防生开放日。

28 日 学校第三所孔子学院——保加利亚大特尔诺沃大学孔子学院获批。

4 月

6 日 湖北省国土资源厅通报表扬"2011 年度地质勘查行业统计工作先进单位"，地质调查研究院获二等奖。

12日　由学校与中国科学院9家科研院所共同组建的"C2科教战略联盟"在北京成立。

14日　学校与荆州市政府签署校市合作协议。双方将重点在卤水资源开发、旅游资源开发、四湖流域水环境治理、水资源开发、人才培养等方面进行深度合作，为荆州市实施壮腰工程提供强有力的人才支撑和智力支持。

16日　学校与中南勘察设计院（湖北）有限责任公司联合共建产学研基地揭牌。根据协议，双方将在学科建设、科学研究、人才培养、学生实习等方面开展全方位合作。

25日　深圳古生物博物馆馆长张和先生再次向学校捐赠70余棵树化石，其中印度尼西亚品种4棵、蒙古国品种3棵、缅甸品种8棵、南非品种1棵、美国品种4棵，其他为中国品种。

26日　国土资源部副部长、中国地质调查局局长汪民一行来校视察指导工作。

27日　学校召开选举出席湖北省十次党代会代表大会，郝翔、刘勇胜当选。

本月中共中央政治局常委、国务院总理温家宝为母校题写校名。

5月

4日　学校第十届"十大杰出青年"评选结果公布，赵军红、姜涛、公衍生、郭清海、宁伏龙、文国军、敖练、付丽华、张晓红、陈华荣入选。

5日　2012年度学校人才队伍建设"腾飞计划"入选人员名单公布，左仁广、朱振利、罗银河、袁松虎、郭清海榜上有名。

10日　学校化石林扩建工程竣工。

11日　学校与中国地质装备总公司签署《国家级工程实践教育中心共建协议书》。

13日　学校1988届博士毕业生、湖北省"百人计划"人才、瑞阳汽车零部件（仙桃）有限公司总经理张泽伟捐资50万元设立"friction one经管奖学金"。

16日　"国土资源部、武警黄金指挥部、高校加强人才培养促进找矿突破联创齐争活动"启动仪式在北京举行。学校、中国地质调查局等12家单位共同签署《"联创齐争"倡议书》。

17日　北京金阳普泰石油技术股份有限公司向学校捐赠价值700万元的软件。

19日　中共中央政治局常委、国务院总理温家宝回母校，视察生物地质与环境地质国家重点实验室，参观院士长廊，与师生代表进行亲切交流并作重要讲话。温总理深刻论述了地质科学的重要性，指明了地质科学的发展方向，深情回忆了在大学时代的学习生活，动情表达了对母校教育培养的深深情怀，对青年大学生的成长提出了殷切期望。

19日　学校登山队从北坡成功登上海拔8 844.43m的珠穆朗玛峰顶峰，成为我国第一支登上世界最高峰的大学登山队。

6月

2日　"泰华奖学金"在学校设立。该奖学金由山东泰华电讯有限责任公司出资设立，旨在鼓励学校软件开发相关专业的学生勤奋学习、努力进取、全面发展，这是学校首个专项用于资助软件开发相关专业的奖学金。2012—2016 年,该奖学金每年颁发一次,每次奖励 10 名学生,每人 3 000 元。

7 日 学校举办首届中学生地球科学夏令营活动,来自全国 50 余所中学的 270 余名师生参加开营仪式。此次活动时间为期两天,参加活动的所有营员可直接取得学校自主选拔考试资格。

18 日 学校地质系 1985 级校友、正东华企投资有限公司董事长陈海向地球科学学院捐款 50 万元,用于建设高层次人才培养基地。

24 日 学校举行董事会成立大会。

7 月

2 日 学校印发《中国地质大学朱训青年教师教育奖励基金管理办法(试行)》,该基金由朱训先生捐赠 20 万元和学校配套资金 30 万元共同构成。奖励在教育教学、科学技术研究等方面做出突出贡献的 40 岁以下青年教师,每年 5～10 人,每人 5 000 元/年(暂定)。

3 日 学校与巴东县人民政府签署战略合作协议。

9 日 教育部党组经研究并与湖北省委商得一致,决定任命成金华为中国地质大学(武汉)党委副书记、纪委书记,王华、万清祥为中国地质大学(武汉)党委常委;免去丁振国的中国地质大学(武汉)党委副书记、常委、纪委书记,邢相勤的中国地质大学(武汉)党委常委职务。

9 日 教育部任命王华、万清祥为中国地质大学(武汉)副校长,免去邢相勤、成金华的中国地质大学(武汉)副校长职务。

10 日 学校党委研究决定,撤销中共政法学院委员会,成立中共公共管理学院委员会。

11 日 学校党委研究决定,成立李四光学院,挂靠教务处;由政法学院、资源学院土地资源管理系、地球科学学院资源环境与城乡规划管理专业及地理系部分专业联合组建公共管理学院,原政法学院自然撤销。

13 日 学校与新余市签订全面构建战略合作伙伴关系框架协议。

26 日 学校与秭归县人民政府框架合作协议签约仪式在秭归举行。

28 日 学校与丽水市人民政府全面合作框架协议签约仪式在武汉国际会展中心举行。

28 日 学校科技园项目举行开工奠基仪式。

8 月

5 日—10 日 校长王焰新率团赴澳大利亚布里斯班参加第三十四届国际地质大会。此次会议以"探讨过去 揭示未来——为人类的明天提供资源"为主题,由地学展览、室内会议和野外地质考察 3 个部分组成,有来自全球 110 个国家和地区的 5 000 多名地质科学家参加。王焰新校长和代表团其他成员参加了会议开幕式,参与了人才招聘和有关学术活动。

10 日 湖北省人民政府聘请成金华为第五届省政府咨询委员会委员。

16 日 谢树成教授负责的"生物地质与环境地质创新引智基地"顺利通过评估,并纳入新一轮"引智基地计划",获得继续支持建设 5 年。

20 日 中共中央政治局委员、国务委员刘延东来校视察,听取学校汇报并考察地质过程与矿产资源国家重点实验室。刘延东向全校师生表示亲切问候,并向学校 60 周年校庆表示祝贺。

24 日 校长王焰新与国土资源部中央地勘基金管理中心主任程利伟在京签订合作协议,共建紧缺战略矿产资源协同创新中心。

28 日 法国里尔大学地球科学学院院长 Taniel 教授来校访问。副校长赖旭龙,以及相关单位负责人参加座谈会。座谈会围绕本科"2+2""3+1"培养模式,研究生以及博士生培养模式和奖学金问题展开。双方将根据此次洽谈内容,拟制并签订中英文合作办学协议。两校合作培养学生预期在 2013 年正式启动。

29 日 学校加入教育部、中国科学院"科教结合协同育人行动计划"。"科教结合协同育人行动计划"包括"科苑学者上讲台计划""重点实验室开放计划""大学生科研实践计划""大学生暑期学校计划""大学生夏令营计划""联合培养本科生计划""联合培养研究生计划""人文社科学者进科苑计划""中科院大学生奖学金计划""科苑学者走进中学计划"10 个合作领域,首批将有 80 余家中科院研究所、50 余家高校参加,每年将有 15 万名以上的研究生、本科生参与其中,有 1 800 多人次院士、科学家、教授到高校授课,到中学开设科普讲座。

本月 学校与武汉东湖高新技术开发区管理委员会签订协议,在武汉未来科技城整体征地 910 亩(1 亩＝666.666m²)建立资源环境科技创新基地暨新校区,其中 710 亩为教育研发用地,200 亩为工业研发用地。

9 月

4 日—8 日 由中国和美国自然基金委员会、欧盟委员会资助,学校生物地质与环境地质国家重点实验室主办,中国农业科学院、中国科学院南京土壤研究所协办的第二届地球生物学国际研讨会在学校召开。校长王焰新、副校长赖旭龙,中国科学院院士殷鸿福,国家自然科学基金委员会地学部处长姚玉鹏,美国自然科学基金委 Enriqueta Barrera、杨容珍,以及国内外专家共计 100 余名代表出席会议。会议围绕"关键带观测计划、地球生物学、土壤持续管理及其他"这一主题,组织大会报告,设立分会场进行学术交流。不仅讨论地球生物学问题,而且讨论覆盖与地球生物学密切相关的土壤学、水文地质学、地球化学、生态学以及农业可持续发展等方面。

11 日 地大之声报道:教育部公布"十二五"国家级实验教学示范中心入选单位,学校地质学实验教学中心名列其中。

14 日 学校牵头建设的紧缺战略矿产资源协同创新中心成立大会暨第一次理事会在学校召开。会议审议了协同创新中心理事会章程,选举产生了协同创新中心第一届理事会理事长、副理事长。国土资源部总工程师钟自然、校长王焰新分别当选第一届理事会理事长、副理事长。大会审议并通过了协同创新中心实施方案和协同创新中心主任任职方案。郝芳当选紧缺战略矿产资源协同创新中心主任。

15日 晋煤集团"煤与煤层气(煤矿瓦斯)共采产业技术创新战略联盟"揭牌仪式在太原举行。该联盟是由山西晋城无烟煤矿业集团有限责任公司、大同煤业集团、中国地质大学(武汉)、中国矿业大学(北京)等31家企业、高等院校、科研院所共同组成。

19日 应联合国农发基金(IFAD)邀请,学校经济管理学院帅传敏教授赴意大利罗马联合国IFAD总部,为IFAD执行董事会作《IFAD项目对中国扶贫效果和影响研究》专题讲座,得到IFAD董事会和与会代表的高度评价。据中国常驻联合国粮农机构代表处负责人介绍,这是联合国IFAD董事会首次就一个国家的项目开展专题研讨,也是中国专家首次登上IFAD执董会的讲坛。

25日 教育部专家组陈旭一行来校就国家教育体制改革试点项目及"三重一大"①决策制度执行情况进行检查。

26日 由中国地质调查局副局长王学龙任组长的中国地质调查局院校地质调查能力建设评估组来校,对学校地质调查能力现场考察。经过为期两天的现场评估,专家组认为,学校地质调查院管理规范、资质齐全、技术力量雄厚、业务能力突出,特别是依托地质调查项目培养了大批本科生、研究生和青年教师,为我国地质调查事业做出了突出贡献,是国家公益性地质调查队伍不可或缺的重要力量。

28日 中国地质大学中石化②校友会在北京成立。中国地质大学校友总会领导、校领导,来自全国各地中石化系统的40余名校友代表参加校友会成立大会及第一届理事会第一次会议。经全体与会代表民主选举,中国工程院院士、中石化股份公司副总地质师马永生当选中石化校友会第一届理事会理事长,中石化国际石油勘探开发公司副董事长、党委书记詹麒当选中石化校友会第一届理事会常务副理事长。

10月

19日 由学校赖旭龙教授领导的研究小组和英国利兹大学保罗·魏格纳教授及德国爱尔兰根大学—纽伦堡大学麦克·约阿希姆斯基教授合作完成的《古—中生代之交海水温度变化与生物演化》研究成果发表在最新出版的国际著名刊物《科学》上。该成果记录了2.52亿年前至2.47亿年前早三叠世时期迄今为止最为详细的温度变化记录,受到了媒体的极大关注,中央以及湖北省、武汉市10余家媒体纷纷报道。该成果12月入选"2012年度中国高等学校十大科技进展"。

23日 国土资源部党组书记、部长、国家土地总督察徐绍史会见学校党委书记郝翔、校长王焰新,对学校60周年校庆表示热烈祝贺。国土资源部副部长徐德明、汪民、张少农、胡存智参加会见。受徐绍史委托,汪民听取学校工作汇报。国土资源部规划司、耕地保护司、地质勘查司、矿产开发管理司、科技与国际合作司、人事司及中国地质调查局等相关单位负责人参加会议。

24日 第十届全国大学生攀岩锦标赛开幕式在学校举行。

①"三重一大",即重大问题决策、重要干部任免、重大项目投资决策、大额资金使用。
②中国石油化工集团公司,简称中石化。

31日　校长王焰新赴军事经济学院出席武汉军地高校战略合作签字仪式,并代表学校签署《武汉地区军队院校与部属地方高校战略合作框架协议书》。

本月　学校水利工程、材料科学与工程、安全科学与工程3个一级学科获批设立博士后科研流动站。至此,学校博士后科研流动站增至12个。

本月　由学校工程学院深部探测课题组组织实施的"西藏罗布莎科学钻探"在海拔4 400m的西藏山南地区罗布莎镇实现1 853m钻孔深度的深部探测,超出此前最大深度1 000余米,创造了青藏高原钻孔深度最新纪录。

本月　学校申报的"地质工程国际科技合作基地"被科技部认定为国家示范型国际科技合作基地。

11 月

2日　湖北省人民政府授予学校出版社出版的《长江三峡水利枢纽工程地质勘查与研究(上、下册)》"第二届湖北出版政府奖图书奖",授予梁志"第二届湖北出版政府奖优秀出版人物奖"。

5日　学校举行电子校史馆开通暨60周年校庆丛书首发仪式。校党委副书记成金华介绍电子校史馆建设、画册、校庆特刊和《高校德育创新与发展成果选编——中国地质大学(武汉)卷》情况。副校长万清祥介绍60周年校庆《校史》《大事记》《山花烂漫(3)》《师者风范》以及7种学术著作等丛书修编情况。

6日　由学校发起,香港大学、德国卡尔斯鲁厄理工大学、美国劳伦斯·伯克利国家实验室、澳大利亚麦考瑞大学、昆士兰大学、法国巴黎第六大学,俄罗斯莫斯科大学、俄罗斯国立矿产资源大学(矿业)、美国斯坦福大学、加拿大滑铁卢大学10所大学、科研机构加盟的地球科学国际大学联盟成立大会在武汉举行。大会通过了《地球科学国际大学联盟章程》。

6日　《地球科学学刊》(英文版)入选首批高校科技期刊精品工程。

6日　中外大学校长论坛召开。来自全球地球科学领域30余所高校的校长及嘉宾汇聚一堂,共同探讨与地球系统科学相关的高等教育重大议题,交流有益经验,搭建地学教育的合作与交流平台。校长王焰新以"抓关键　攻重点　大力推进协同创新"为题作主题报告。美国布莱恩特大学校长梅恪礼、中国矿业大学(北京)副校长范迅、中国石油大学(北京)副校长庞雄奇、成都理工大学副校长刘树根、苏丹巴赫立大学校长 Khalil、美国布莱恩特大学副校长杨洪、西北大学副校长高岭、长江大学校长张昌民、中国矿业大学校长葛世荣先后作特邀报告,内容涵盖地质人才培养、地学教育、高校合作、中外地质合作等方面。

6日—7日　中央电视台科教频道(CCTV—10)连续播出科教纪录片《摇篮》,专题报道学校办学成果。该片分《潮头勇立》《烽火相传》上、下两集。

7日　由中国地质调查局、国土资源部中央地质勘查基金管理中心和学校共同主办的"国际矿产资源合作开发研讨会"召开。来自矿产资源丰富的20余个国家的驻华使节和大学校长,国土资源部和矿产资源行业嘉宾及企业代表共140余人参加会议。研讨会主题为"交流、合作、共赢"。与会代表围绕世界矿产资源开发的现状和前景、投资环境和政策、矿产资源国际合作开发中的机遇与风险、地质和矿产资源领域来华留学生培养及其在资源合作开发中的作用等热点问题展开交流研讨。

7日 学校举行建校60周年庆祝大会。中共中央政治局常委、全国政协主席贾庆林，中共中央政治局常委李长春，中共中央政治局委员、国务委员刘延东等党和国家领导人发来贺信。中共中央委员、全国人大常委会副委员长路甬祥，全国人大常委会副委员长蒋树声，中国科学院院长白春礼为学校题词。中共湖北省委书记李鸿忠、湖北省人民政府省长王国生，北京市代市长王安顺发来贺信。教育部副部长李卫红，国土资源部副部长张少农，中共湖北省委常委、湖北省人民政府常务副省长王晓东出席庆祝大会并作重要讲话。大会由校党委书记郝翔主持，校长王焰新致辞。教育部、国土资源部有关司局和直属单位的领导，湖北省、武汉市有关厅、委、局领导，与学校有密切合作关系的地方政府、人民解放军以及企事业单位代表，来自亚、非、欧、美四大洲、十多个国家的驻华使节代表，国内外大学代表，海内外校友代表，以及应邀来校的合作单位代表，部分学校老领导，学校董事会董事，学校教育发展基金会理事，各地校友会代表，离退休老同志代表和在校师生代表10 000余人参加庆祝大会。晚上，建校60周年文艺晚会在弘毅堂举行。晚会紧扣"家园"这个主题，通过文艺演出的方式展现学校60年的风雨历程和办学成就。

8日 学校举行校门修缮揭牌仪式。学校西一门由1982年毕业于学校岩矿分析专业的李忠荣校友捐资200万元修缮。

8日 中国共产党第十八次全国代表大会在北京隆重召开，学校师生在西区弘毅堂收看十八大开幕实况，认真学习十八大精神。

14日 国际著名同位素地球化学家、美国科学院院士、劳伦斯·伯克利国家实验室副主任唐纳德·迪保罗教授来校讲学、合作科研，并代表实验室与校长王焰新签署合作备忘录。根据合作备忘录，双方同意作为地球科学国际大学联盟的主要成员，促进联盟的建设和发展，建立定期协商、科研项目合作、联合培养博士研究生和双方研究人员互访等机制。双方商定，合作建设"中美可持续地热能源研究所"，以推动地热勘查、开发利用领域的高新技术研发和人才培养。

19日 校党委书记郝翔主持召开校党委理论学习中心组扩大会议，传达学习党的十八大会议精神。校党委理论学习中心组成员、党委委员、纪委委员及全校副处级以上干部参加会议。

26日 "科学大师名校宣传工程"——《大地之光》在弘毅堂公演。话剧再现了新中国地质事业主要奠基人、"地质力学"和"构造体系"创建者、中国科学技术协会第一任主席、中华人民共和国第一任地质部长、中国地质大学前身北京地质学院筹备委员会主任李四光先生的动人故事。

28日 美国休斯敦大学代表团访问学校。双方商定在地球科学、生物科学、化学、计算机、数学和物理学几个领域开展"3+2"或"3+1"联合培养本—硕生项目，学费按照美国本土学生标准收取，并提供一定奖学金。

本月 在韩国举行的第十二届世界大学生羽毛球锦标赛上，学校马克思主义学院2009级学生文凯作为中国大学生羽毛球代表队主力队员参赛，取得男子单打冠军和混合团体亚军的好成绩。

本月 温家宝总理致信中国地质大学前校长赵鹏大院士并赠诗作,向全体师生表示问候和祝贺。

12 月

3 日 学校"学习贯彻党的十八大精神"党支部书记培训班在教三楼 109 室开班,校党委副书记朱勤文、马克思主义学院高翔莲教授为党支部书记作专题辅导报告。全校近 500 名教工和学生党支部书记参加培训。

6 日 2012 年度本科教育教学工作会议在弘毅堂召开。校党委书记郝翔主持会议。校长王焰新作题为《更新观念,加大投入,提高本科教育教学质量》的报告;副校长王华以《激励教师投入教学的人事聘任及相关制度解读》为题,介绍了岗位聘任制度中加强教学工作的有关政策规定,收入分配制度改革对本科教学工作的支持,以及提高教师综合素质的多种举措,并就如何进一步激励教师专注教学工作提出了建议和意见。

10 日 童金南教授荣获"第五届全国优秀科技工作者"称号。

13 日 保加利亚大特尔诺沃大学校长帕尔曼率团访问学校。王焰新校长会见了帕尔曼一行,相关职能部门、学院负责人参加了会见。王焰新和帕尔曼就两校进一步加强学术文化交流合作交换了意见,双方一致同意在共同培养语言学、艺术类学生和交换相关专业教师等方面开展合作。

15 日—16 日 学校召开第十一次党代会。会议听取和审议中国共产党中国地质大学(武汉)第十届委员会的工作报告、中国共产党中国地质大学(武汉)纪律检查委员会的工作报告,听取和审查党费收缴、管理和使用情况的报告。大会选举产生中国共产党中国地质大学(武汉)第十一届委员会和中国共产党中国地质大学(武汉)纪律检查委员会。经选举与上级批准确定如下。党委书记:郝翔;党委副书记:朱勤文、傅安洲、成金华;纪委书记:成金华(兼);纪委副书记:陶继东。

17 日 中共湖北省委办公厅、湖北省人民政府办公厅授予学校"服务湖北经济社会发展先进高校"称号。

25 日 学校成立青年教师联谊会。会议表决通过青年教师联谊会章程和内部机构人员组成名单。姜涛任第一届青年教师联谊会会长。

26 日 《中国学术期刊影响因子年报(2012 年版)》在北京国家会议中心发布《中国地质大学学报(社会科学版)》的复合影响因子(JIF)为 1.493,在全国"综合性人文、社会科学"学术期刊中居第七位,首次进入全国前 10 名,在全国理工院校排名第一,位居湖北省第一名。

校友之家

校友返校聚会

"十一"校友返校简讯

2016 年 10 月,学校 1965 级、1987 级、1993 级、1994 级、1996 级、2002 级、2004 级 7 个年级、12 个学院、20 个班级共 706 名校友返校。

10 月 2 日上午,学校千余名校友欢聚在弘毅堂,忆青春岁月、话同窗友情。校领导郝翔、王焰新、朱勤文、傅安洲、赖旭龙、郝芳、王华,中科院院士殷鸿福、金振民,校友会副会长丁振国、邢相勤,老教师代表,各学院(课部)、相关职能部门负责人参加。

喜迎 1 600 余名校友"回家"

副校长郝芳主持会议。

校党委书记郝翔代表学校对各个年级的校友返校表示热烈欢迎,对校友们一如既往地关心母校发展表示诚挚谢意。他指出,学校高度重视校友工作,利用每年国庆期间,专门组织校友返校聚会。他说,人生最惜同窗日,白首难忘共读时。无论岁月如何变化,永远不变的是学校和校友间相互牵挂和难以割舍的情结。他祝校友们在校期间身心愉快,希望校友们时刻关注母校的发展。

校长王焰新从学校概览和近期发展两个方面向校友们详细介绍了学校建设情况,希望校友们常回母校看看,继续关心和支持母校的发展。

21821 班、22821 班校友姚仲友、王华分别代表返校校友发言。他们回忆了在校时的生活,感谢母校的培育之恩,祝福母校的明天更加辉煌。

校友们深情地观看了学弟学妹们为师哥师姐们献上的精彩的文艺演出。

校友合影

聚会在嘹亮的校歌《勘探队员之歌》的歌声中结束。

聚会结束后，校友们在地勘楼前合影并在学校三食堂共享"爱校餐"。

国庆校友返校简讯

2016 年国庆期间，校友会共接待 1963 级、1976 级、1987 级、1994 级、2005 级等 12 个年级的返校校友，合计 65 个班级 2 554 人次。

附录：

2016 年各学院返校班级信息统计表（以返校时间为序）

	学 院	班 级
1	地球物理与空间信息学院	61651
2	地球科学学院	010981、014981、015981
3	计算机学院	113961
4	信息工程学院	128881
5	经济管理学院	101022
6	地球科学学院	013871
7	工程学院	71652
8	机械与电子信息学院	112021

续上表

	学　　院	班　　级
9	工程学院	054021、054022
10	材料与化学学院	031962
11	工程学院	055021、055022
12	经济管理学院	086021
13	艺术与传媒学院	106041
14	计算机学院	51931
15	经济管理学院	081021、081022、081023
16	计算机学院	117942
17	经济管理学院	101021
18	环境学院	53022
19	环境学院	1996 届
20	计算机学院	111007、111008、111009
21	计算机学院	117001
22	工程学院	1963 级
23	资源学院	020021
24	资源学院	41921、41922
25	资源学院	21922
26	资源学院	22921
27	地球科学学院	1987 级
28	地球科学学院	011921、011922、011923、011924
29	信息工程学院	114021、114022、114023
30	艺术与传媒学院	105021
31	资源学院	022021、022022
32	材料与化学学院	31921、31922
33	资源学院	21921
34	计算机学院	191021
35	数理学院	122971
36	公共管理学院	208941

续上表

	学　院	班　级
37	资源学院	21021、21022、21023、21024、21025
38	机械与电子信息学院	71921、72921、73921、74921、70941
39	经济管理学院	089051
40	地球物理与空间信息学院	062021、062022
41	机械与电子信息学院	68943
42	公共管理学院	102022
43	机械与电子信息学院	072021
45	计算机学院	191026
46	地球科学学院	015021、015022
47	材料与化学学院	101871、101872
48	资源学院	41761
49	信息工程学院	111861、117861、111851
50	地球科学学院	101871、101872
51	信息工程学院	111021、111022
52	地球科学学院	011021
53	资源学院	1975 级
54	环境学院	51631
55	地球物理与空间信息学院	1993 级
56	信息工程学院	056021
57	公共管理学院	2002 级
58	经济管理学院	081961
59	工程学院	52022
60	经济管理学院	85022
61	工程学院	52971
62	资源学院	022921
63	全校	1982 级（毕业 30 年）
64	全校	个人返校

武汉中仪物联技术股份有限公司

武汉中仪物联技术股份有限公司是一家专门从事工程检测技术产品研发制造的企业，涉足微电子、光学、物探等多个学科领域。公司于2015年7月，成功挂牌新三板。公司年轻而朝气蓬勃，拥有健壮的技术人才体系，先后研发出一系列技术先进、适用性强、操作简便、稳定耐用的检测设备和相关软件产品。公司共推出管渠潜望镜（地下管渠快速录像检测装置）、管渠推杆摄像仪、管渠机器人检测系统、管渠电法测漏仪、潜水机器人等一系列产品，在物探、城建、市政、国防、水利水电等各个基础建设领域得到广泛应用。公司通过高新技术企业认定，承担水体污染控制与治理科技重大专项子课题一项。 2015年度、2016年度分别获得"光谷瞪羚企业""德勤—光谷高科技高成长20强企业"称号，目前已获得专利17项，软件著作权12项。

公司创始人郑洪标先生，1979年出生，高级工程师。2001年中国地质大学应用地球物理专业本科毕业。2001年7月至2002年4月就职于首钢地质勘查院，2002年5月至2003年5月就职于水利部长江勘测技术研究所，2003年6月至2004年4月任武汉力博物探有限公司经理，2004年5月至2007年7月任武汉岩海工程技术有限公司部门经理，2007年8月至2010年10月历任武汉特瑞升电子科技有限公司总经理、研发部经理、技术总监，2010年11月创办武汉中仪物联技术股份有限公司，至今任公司董事长、兼总经理。

武汉中仪物联技术股份有限公司董事长郑洪标校友